合成未来

SYNTHESIZING THE FUTURE

丁奎岭　黄少胥　葛航铭 ——— 主编

长江出版传媒　Ｋ 湖北科学技术出版社

图书在版编目（CIP）数据

合成未来 / 丁奎岭，黄少胥，葛航铭主编 . — 武汉：
湖北科学技术出版社，2022.1
ISBN 978-7-5706-1685-5

Ⅰ.①合…　Ⅱ.①丁…　②黄…　③葛…　Ⅲ.①化
学－普及读物　Ⅳ.① O6-49

中国版本图书馆 CIP 数据核字（2021）第 179789 号

◎合成未来　　HECHENG WEILAI

策　　划	刘　亮	
责任编辑	刘　亮	
装帧设计	胡　博	
插　　图	张　磊	

出版发行	湖北科学技术出版社
地　　址	武汉市雄楚大街 268 号
	（湖北出版文化城 B 座 13 ～ 14 层）
邮　　编	430070
电　　话	027-87679468
网　　址	http://www.hbstp.com.cn
印　　刷	武汉市金港彩印有限公司
邮　　编	430023
开　　本	700×1000　1/16　10 印张
版　　次	2022 年 1 月第 1 版
	2022 年 1 月第 1 次印刷
字　　数	150 千字
定　　价	58.00 元

本书编委会

亲爱的读者们，在中小学阶段所有学科中，最后一门学到的就是化学，大概要等到初中三年级才会正式领略到化学课的魅力。化学与其他学科的不同之处在于，它可以创造新物质，合成出这个世界上没有的物质。人类依靠自己的聪明才智，合成了各种各样有用的分子，影响和改变了我们的世界。

人类社会有很多分类方法，但是按材料划分的方法最为著名，比如耳熟能详的"石器时代"和"青铜器时代"，历史书也会讲到人类祖先制作陶器等。聪明的祖先其实很早就"知其然"，即学会了很多的合成手艺，但是却"不知其所以然"，即不清楚其中的科学道理，也没有建立化学这门科学。其实，很多合成手艺已经逐步发展为今天合成科学的重要分支。合成科学已然处于现代科学的基础和核心地位，为人类社会的进步做出了巨大贡献。化学家就像建筑师，用一个个原子搭建出形态各异的复杂分子，而当这些"杰作"具备优秀的分子功能时，人类社会很可能就会迈上一个新的台阶，幸福感可能会又增加一个量级。现在通过人类发现和合成的各种分子数量正突飞猛进。据《美国化学与工程新闻》（C&EN）报道，美国化学文摘社（CAS）于2021年5月8日注册了第1.5亿个分子。这一里程碑不仅是一个数字，它表明全球化学研究的高速发展。CAS用了约40年时间，到2005年注册了约 2500 万种物质，而在过去仅仅 4 年时间里，就已经注册了约 5000 万种物质。化学空间正在被进一步加速扩大。根据理论预测，合成化学可以创造的空间是 10 的 63 次方，因此未来人类可以创造新物质的空间是巨大和难以想象的。

　　这本书是由中国科学院上海有机化学研究所爱好科普的研究员以及博士研究生们精心撰写，作为科学课或化学课的一个课外补充，有利于同学们开阔眼界，了解更多的化学奥秘，通过书中的二维码可以观看相关视频介绍，还有很多美丽的合成故事等待你去发现！

中国科学院　院士

上海交通大学　教授

中国科学院上海有机化学研究所　特聘研究员

2021 年 6 月

目录

|CONTENTS|

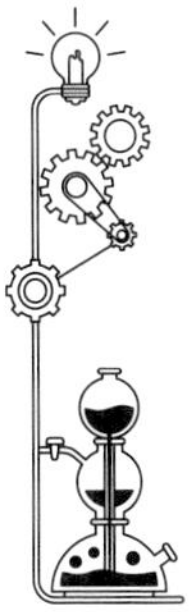

序　章　化学慧光 —— 从混沌走向光明 …………………………………… 001

虽无"化学"之名，却依"化学"而生 —— 什么是化学？ …… 002

第1章　当化学成为一门独立学科 ……………………………… 007

揭开燃烧的神秘面纱 …………………………………… 008

从"元素"到"元素周期表" ………………………… 018

重新认识我们的世界 …………………………………… 026

碳元素的好兄弟 ………………………………………… 042

第2章　合成化学 —— 现代化学的基础和核心 ………… 051

从"无机"到"有机"的认知 …………………………… 052

小分子堆砌成高分子 ——"尼龙"的故事 ………… 060

改变人类命运的重要反应 —— 合成氨 …………… 073

第 3 章　创造新物质的生力军 ⋯⋯⋯⋯⋯⋯⋯⋯⋯⋯⋯⋯⋯ 079

　美食中的化学世界 ⋯⋯⋯⋯⋯⋯⋯⋯⋯⋯⋯⋯⋯⋯⋯⋯ 080

　迷人的材料 ⋯⋯⋯⋯⋯⋯⋯⋯⋯⋯⋯⋯⋯⋯⋯⋯⋯⋯⋯ 087

　合成重要的生命体组成成分 ⋯⋯⋯⋯⋯⋯⋯⋯⋯⋯⋯⋯ 096

　你不了解的"青霉素"与"青蒿素" ⋯⋯⋯⋯⋯⋯⋯⋯⋯ 108

　无处不在的手性科学 ⋯⋯⋯⋯⋯⋯⋯⋯⋯⋯⋯⋯⋯⋯⋯ 118

第 4 章　走向未来——化学解决之道 ⋯⋯⋯⋯⋯⋯⋯⋯⋯⋯ 127

　AI 助力合成化学 ⋯⋯⋯⋯⋯⋯⋯⋯⋯⋯⋯⋯⋯⋯⋯⋯⋯ 128

玩转化学 ⋯⋯⋯⋯⋯⋯⋯⋯⋯⋯⋯⋯⋯⋯⋯⋯⋯⋯⋯⋯⋯⋯ 149

化学慧光
——从混沌走向光明

虽无"化学"之名，却依"化学"而生
—— 什么是化学？

所谓化学，实乃变化之学，而变化之学即是一门可以创造新物质的科学。你心目中的化学是什么样的呢？是成山的瓶瓶罐罐，是让人心惊胆战的燃烧爆炸，还是令人望而生畏的有毒有害物质的代名词呢？其实化学包罗万象，是在分子和原子层次上研究物质的组成、结构、性质与变化规律。

追本溯源，其实一开始化学就是我们的好朋友。不过那时候的化学神秘又调皮，我们一直无缘它的真身。直到我们学会钻木取火，化学才慢慢抛却犹抱琵琶半遮面的娇羞。于是，化学携火而来，照亮了整个世界，改变了我们的生产和生活，引领着我们冲出原始的桎梏，开启了人类文明的新篇章。

自此以后，对世界孜孜不倦地探索成了我们最强大的力量，奔腾在整个历史中。而求真务实，似乎是隐藏在我们血脉中的天性。我们为火着迷，探究出氧气是燃烧的动力；依海而生，鉴定出氢是海水的重要成分。我们总是对未知的事物保持着一颗好奇心，善于从自然界发现科学问题，进而寻找问题的解决途径。在寻找的过程中遇到不解与困惑时，我们又常常返回自然界去祈求大自然给我们启示。周而复始中，祖辈们用他们的智慧创造了很多工艺，而这些工艺演变成了今天相应的化学化工专业，比如黏土烧制陶器发展为现在的硅酸盐化学；矿石冶炼金属已改头换面为冶金专业；谷物酿造美酒演变为发酵工程；给丝麻织物染色发展为纺织工业。

那时的我们，虽然还没有定义化学，但却无时无刻不在与之接触。那时候的化学，虽无"化学"之名，但却融入了我们生活的各个角落，默默地丰富着我们的生活。教堂、皇宫、居所、深山老林中烟熏缭绕的炼丹炉里，一丝丝神秘却虚无的追求缥缈而出。长生不老的夙愿终究没入那一缕青烟，随风而逝。但这些炼丹炉的主人们，却真真切切地在无意间成了化学的先驱，尽管他们一直在化学世界的门外徘徊，却又始终不曾敲开化学之门。

曾经的我们深信世界是由土、空气、火和水组成的。西方的"四根说"也好，东方的"五行论"也罢，都在暂时没有找到破解自然方法的岁月里支撑着我们的求知欲。直到 18 世纪，化学家们在追寻"燃素"中先后发现了一系列元素，一场科学的革命随即而来，而我们也从混沌中逐渐看到点点光亮。

1803 年，道尔顿提出了原子论，认为物质是由原子构成的，原子在化学变化中保持稳定的状态。8 年后，阿伏伽德罗又提出了分子论，认为物质是由分子构成的，而分子才是由原子构成的。可能占据着先出场的优势，道尔顿的原子论早已深入人心，阿伏伽德罗虽不乏支持者，但他的观点在当时依然饱受争议。经过几十年激烈的争论，1860 年，阿伏伽德罗的分子说才终于被化学界承认，但令人惋惜的是，阿伏伽德罗已在 4 年前与世长辞，甚至连一张照片也没有留下。现今唯一的照片还是依着他的石膏画像临摹而来。

道尔顿

不过，化学发展到今天，我们会发现道尔顿的原子论和阿伏伽德罗的分子论其实都稍有偏颇。因为有些物质既不是由原子构成，也不是由分子构成的，比如食盐（主要成分为氯化钠，化学式为 $NaCl$），就是由离子构成的。这些物质一般由

阿伏伽德罗

阳离子和阴离子共同构成，其中阳离子带正电，阴离子带负电，同性相斥，异性相吸，组合在一起即为电中性。因而我们平时常见的食盐的主要成分

就是由钠离子（阳离子）和氯离子（阴离子）构成的。

氯化钠晶体

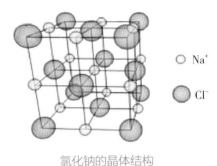
氯化钠的晶体结构

人类文明的发展从没有停止脚步，化学的心扉也逐渐敞开，越来越多的人走进了化学的大门。舍勒带着尿素跨越了有机和无机的鸿沟，开启了有机合成的篇章；化学家们揪出了"反应停"的幕后真凶，手性药物迎来了蓬勃生机。而地球上的元素也被一一挖掘出来，这些杂乱无章的元素间会不会有什么联系呢？会不会蕴含什么递变规律呢？化学家们纷纷陷入了沉思。磷在夜空化作一道光，门捷列夫知微知章。1869 年，门捷列夫根据原子量的大小创造了第一张元素周期表，并发现这些元素按着一定的周期变化，因此这种现象被他称为元素周期律。

门捷列夫

元素周期表问世后，化学彻底在人类文明历史中站稳了脚跟，发展成了一门独立的学科，拥有了一批又一批的跟随者。伍德沃德将有机合成变成了一门艺术；科里的逆合成分析成了有机化学宝典；卡罗瑟斯研发了轰动一时的尼龙 66；弗利茨·哈伯左手恶魔右手天使；费歇尔开创了甜甜的糖化学；亚历山大·弗莱明找到了抗菌神药——青霉素；屠呦呦提取了灭疟高手——青蒿素；沃森和克里克提出了 DNA 双螺旋结构……这些现在依然盛开的鲜艳的花儿，其实当初都是经过了奋斗的泪泉，撒遍了牺牲的血雨的。毫不夸大地说，在化学的悠久历史中，每一个原子都是故事，每一点进步都是先辈们书写的传奇，接下来请跟随我们走进化学的世界。

ОПЫТЪ СИСТЕМЫ ЭЛЕМ

ОСНОВАННОЙ НА ИХЪ АТОМНОМЪ ВѢСѢ И

		Ti=50	Zr=90	?=180.	
		V=51	Nb=94	Ta=182.	
		Cr=52	Mo=96	W=186.	
		Mn=55	Rh=104.4	Pt=197.1.	
		Fe=56	Ru=104.4	Ir=198.	
		Ni=Co=59	Pd=106.6	Os=199.	
H=1		Cu=63.4	Ag=108	Hg=200.	
	Be=9.4	Mg=24	Zn=65.2	Cd=112	
	B=11	Al=27.3	?=68	Ur=116	Au=197?
	C=12	Si=28	?=70	Sn=118	
	N=14	P=31	As=75	Sb=122	Bi=210?
	O=16	S=32	Se=79.4	Te=128?	
	F=19	Cl=35.5	Br=80	I=127	
Li=7	Na=23	K=39	Rb=85.4	Cs=133	Tl=204.
		Ca=40	Sr=87.6	Ba=137	Pb=207.
		?=45	Ce=92		
		?Er=56	La=94		
		?Yt=60	Di=95		
		?In=75.6	Th=118?		

Д. Менделѣевъ

门捷列夫于 1869 年发表的元素周期表的一个版本："一个基于原子量和化学性质系统化元素的实验。"这个早期周期表的纵向为周期，横向为族。

起源　　　魔法

第 1 章

当化学成为一门独立学科

揭开燃烧的神秘面纱

"嘶——"，一团微弱的光亮朝着漆黑的夜幕逃窜，只留下一丝飘荡的烟雾。

"啪——"，寂静的苍穹绽放了一朵烟花，星星点点，划破了这宁静的天空。

"快看，天空开花了，好美啊！"

"这朵花啊，叫烟花，是一些金属盐燃烧发出来的光。"

"燃烧？什么是燃烧啊？"

燃烧，是可燃物（如纸、火柴、木炭、汽油等）遇见助燃物（通常是氧气），发生的一种剧烈的、发光、发热的化学反应。说到燃烧，我们今天可能是耳熟能详，但实际上，燃烧从幕后到台前也是经历了一场持久战呢！

燃烧

当我们的祖先从自然中学得钻木取火后，燃烧就缓缓拉开了序幕。人类开始利用燃烧烹煮食物、照明、取暖防寒、冶炼金属等等。与此同时，人类的文明也进入到一个繁华的时代。但是燃烧到底是什么呢？为什么有的物质能燃烧，有的却不能呢？即使容易燃烧的物质为什么有时又不会燃烧呢？这一连串的问题没人说得清、道得明！

1723年，德国哈雷大学的施塔尔教授在编撰《化学基础》时提出，可燃物中存在一种看不见、摸不着的气体物质，并且在燃烧的过程中会从可燃物中逃逸出来，同时发光发热。这样的解释基本上与很多燃烧的实际案例符合，获得了大多数人的支持，这种物质也因此被称为"燃素"。确立了"燃烧是'燃素'逃离物所致的"这一基本思想后，另外一个问题又让科学家们困惑了？既然"燃素"看不见、摸不着，那它到底是何方神圣？存在于可燃物的哪里呢？又是怎么逃脱的呢？我们如何才能抓到它呢？一石激起千层浪，无数的科学家纷纷撸起袖子，投身到寻找"燃素"的大军中。

"燃素"——众人寻它千百度

时势造英雄，在这场声势浩大的"寻燃素"的活动中，无数科学家前仆后继，他们注定为这场战役添上了浓墨重彩的一笔。

★ 探路人——亨利·卡文迪许

1731 年，一个英国小男孩呱呱坠地，他就是亨利·卡文迪许。毫不夸张地说，卡文迪许绝对是含着金钥匙出生的"贵族公子"，德文郡公爵二世的小儿子查尔斯是他的父亲，而母亲则是肯特公爵一世亨利·格雷的女儿。他中学就读于英国顶尖的哈克尼学院，毕业后顺利考入剑桥大学的圣彼得学院。但遗憾的是，卡文迪许并未参加剑桥大学的毕业考试。卡文迪许的父亲是英国皇家学会的会员，得天独厚的优势让从剑桥大学肄业的卡文迪许得以进入英国皇家学会并开始

亨利·卡文迪许

进行独立的研究。在科学氛围中长大的卡文迪许毫无意外地对化学显露出浓厚的兴趣。

1766年的一天，卡文迪许倒腾了一个新实验。他将一小块金属铁片丢进稀盐酸中，铁块的表面瞬间就冒出了密密麻麻的气泡，而且逃出来的气体遇到一个很小的火星就会立即发出蓝色的火焰，甚至还会引起爆炸。当时的卡文迪许并不知道这是什么，但"燃素"的拥护者们却欣喜若狂，他们坚定地认为这个逃出来的气体肯定就是"燃素"，并将其命名为"可燃空气"。（后面的研究表明，卡文迪许得到的是氢气，并不是氧气。）

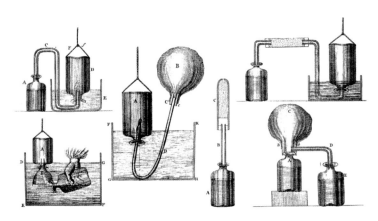

卡文迪许用来收集气体的装置

卡文迪许的实验在化学界引起了震动，科学家们继续寻觅"燃素"的激情并未消退半分。正是依靠这份坚持，燃烧的真正奥秘才逐渐被揭下了面纱。

探得氧气真容的先驱——舍勒和普利斯特列

卡尔·威尔海姆·舍勒 1742年12月，舍勒生于瑞典施特拉尔松的一个普通家庭，远不如卡文迪许家族显赫，勉强小学毕业后，舍勒就到哥德堡的班特利药店里打工，成了一个小学徒。当时，药店里有一位老药师，

舍勒

叫马丁·鲍西，整天都拿着书，不仅拥有丰富的理论知识，动手操作的能力也高超过人。老药师发现舍勒对化学非常着迷，因此经常指导他。跟着老药师，舍勒慢慢地拉开了化学世界的大门。

大约在 1771 年，舍勒把一种黑色的石头（主要成分为二氧化锰）投入到浓硫酸中，加热煮沸时，得到了一种新的气体，舍勒将其命名为"硫酸气"。后来，他发现直接加热红色固体氧化汞，也能得到这种气体。经过 4 年的反复研究，他发现不仅是氧化汞，加热银及其他金属燃烧后的残渣时也能得到这种气体。这种气体无臭无味，但遇火却能使火焰变得更加明亮。1775 年，舍勒最终决定将这种气体叫作"火焰空气"。此时的舍勒并不知道自己得到的气体正是燃烧所必需的气体——氧气。

与此同时，英国还有一个年轻人也在苦苦寻找"燃素"的真身，那就是普利斯特列。

舍勒收集氧气

约瑟夫·普利斯特列　1733 年 3 月，普利斯特列出生于英格兰约克郡利兹市郊区的菲尔德海德的农庄里。小农庄的收入只能维持一家人的生活，因此普利斯特列从小就辗转亲戚家，过着漂泊不定的生活。他科研事业的起步完全得益于他的妻子，1762 年，普利斯特列与玛丽·维尔金逊结了婚。玛丽·维尔金逊的父亲是当时英格兰最大的铁器制造商艾萨克，婚后，普利斯特列的生活非常稳定，再也不用四处漂泊，故而他更加专注科学研究。

1774 年 8 月，他通过一台放大镜聚焦太阳光，然后加热红色固体氧化汞，发现有气体快速地从被加热的红色固体中逃逸出来。对收集的这种

普利斯特列

气体进一步研究后，他发现这种气体竟然不溶于水，而且将燃烧的蜡烛靠近这种气体时，蜡烛会燃烧得更加明亮。更神奇的是，他把几只小老鼠放到充满这种气体的箱子中，小鼠们变得非常兴奋，都更加活蹦乱跳了。在好奇心的驱使下，他自己也猛吸了几口这种气体，发现身体没有出现一丝异样。这些有趣的现象让普利斯特列感到非常兴奋，他肯定自己终于找到了燃烧的秘密。作为"燃素"的忠诚粉丝，普利斯特列自信地认为这是燃烧时"燃素"的大量释放，才得到这种气体，因此将这种气体称为"脱燃素空气"。

同年 10 月，普利斯特列带着他的新实验到巴黎进行访问。在一次晚宴上，他遇到了拉瓦锡，与其相谈甚欢，兴奋之余，普利斯特列还向拉瓦锡演示了从氧化汞得到这种气体的实验，这一实验引起了拉瓦锡的极大关注，也正是这一实验，氧气的庐山真面目才得以显露。

氧气——千呼万唤始出来

★ "氧化说"的奠基者——拉瓦锡

安托万 - 洛朗·德·拉瓦锡　拉瓦锡出生于法国，家境十分优越，5 岁时，母亲的意外去世让他获得了一大笔遗产。拉瓦锡从小就非常聪明，11 岁时就读于法国顶尖的马萨林学院。18 岁，拉瓦锡子承父业，于巴黎大学攻读法学，但是拉瓦锡对自然科学情有独钟，经常旁听化学系的课程，对于化学的理论知识也掌握得非常熟练。大学毕业后，他坚定不移地走上了化学研究的道路。

和普利斯特列短暂交流后，拉瓦锡在自己的实验室里重复了这个实验，不同的是，拉瓦锡并不是一个"燃素说"的信仰者，他认真地对这个实验的每一个细节进行反复推敲。除了对得到的气体进行性质上的鉴别，拉瓦锡还关注了这个实验中物质重量上的变化。依照"燃素说"的理论：燃烧

时"燃素"脱离可燃物，可燃物变成了更加纯粹的残渣，也就是表明燃烧之后，可燃物的灰烬应该相对减少。但是经称量对比后发现，加热红色固体的容器前后质量是相等的，并没有减少，这显然与"燃素说"相违背。同时，拉瓦锡将得到的这种气体和水银一起燃烧，发现得到的残渣的质量竟然增加了，这更是反"燃素说"而行之。因此他坚信，燃烧的过程中肯定是有什么东西进来了，并不是逃跑了。但是对于这种东西的准确描述，拉瓦锡也很是困惑。

拉瓦锡和他的妻子

拉瓦锡测定空气中氧气含量的实验装置图

此后，拉瓦锡进行了无数次的实验。他发现水银、铁、银等这些金属物质燃烧后，残渣会变得更重；而像木炭、磷等一些非金属物质在燃烧后，得到的物质是溶于水的。由于水溶液是偏酸性的，因此拉瓦锡将这种得到

的气体命名为 Oxygene（希腊文），后来就慢慢演变成 Oxygen（氧气，这个中文名称是清代化学家徐寿命名的。他认为既然这种气体可以维持生命，故取名为"养气"，后来统一用"氧"代替了"养"字）。最终拉瓦锡将这些发现整理成册，于 1777 年向巴黎科学院提出了一篇报告《燃烧概论》，阐释了以燃烧为主的氧化学说，主要内容如下：

1. 燃烧时会放出光和热。

2. 只有在氧气存在时，物质才会燃烧。

3. 空气是由两种成分组成的，物质在空气中燃烧时，吸收了空气中的氧，因此重量增加，物质所增加的重量恰恰就是它所吸收氧的重量。

4. 一般的可燃物质（非金属）燃烧后通常变为酸，氧是酸的本原，一切酸中都含有氧。金属煅烧后变为煅灰，它们是金属的氧化物。

★ "燃素说"的终结者——克鲁克香克

虽然拉瓦锡的"氧化说"拥有大量的追随者，但是依然有不少的人高举"燃素说"的大旗，直到另外一种气体被发现后，"燃素说"才彻底走向终结。作为"燃素说"的虔诚拥护者，普利斯特列一直致力于"燃素"的寻找，试图找到可以摧毁拉瓦锡言论的证据。普利斯特列还是很幸运的，还真被他找到一个反驳拉瓦锡的实例。1796 年，普利斯特列将木炭和铁锈一起燃烧得到了一种气体。这种气体的性质和卡文迪许曾经得到的气体极为相似：燃烧时也是泛蓝色火焰同时还不留下任何灰烬，并且还能使金属残渣又变为金属。普利斯特列相信，就像卡文迪许从金属中得到"燃素"一样，他从木炭中得到了"燃素"。由于得到的这种气体比卡文迪许得到的"可燃空气"重许多，因此普利斯特列将其称为"重可燃空气"。对于普利斯特列的新发现，拉瓦锡所提出的"氧化说"理论并不能解释。为什么木炭和铁锈燃烧后，质量反倒减少了？拉瓦锡刚建立起的"氧化说"受到了大量的质疑，摇摇欲坠。

　　1801 年，转机出现了！那一年，克鲁克香克在《尼克森杂志》上发表了两篇报告，不留余地反驳了普利斯特列的观点。事实上，克鲁克香克重新研究了木炭和铁锈的燃烧，大量的实验显示木炭和铁锈燃烧后会得到两种气体，当木炭的量比较多的时候，会得到"可燃气体"（也就是普利斯特列提出的"重可燃气体"），而当木炭的量比较少的时候，会得到一种"固定空气"，这两种气体还能够互相转化，所以克鲁克香克提出普利斯特列得到的"重可燃空气"其实是碳的氧化物。

　　这是因为铁锈的主要成分为氧化铁，当氧化铁和少量的木炭反应时，得到的是二氧化碳，和过量的木炭反应时，得到的二氧化碳和木炭会继续反应得到一氧化碳，但无论是哪种，反应后固体质量均减少。如果用化学反应方程式表示则更为直观：

木炭少量时：

$$3C + 2Fe_2O_3 \xrightarrow{\text{高温}} 3CO_2 \uparrow + 4Fe$$
$$3 \times 12 \quad 2 \times 160 \qquad\qquad 4 \times 56$$

木炭大量时：

$$3C + Fe_2O_3 \xrightarrow{\text{高温}} 3CO \uparrow + 2Fe$$
$$3 \times 12 \quad 160 \qquad\qquad 2 \times 56$$

　　至此，"燃素说"与"氧化说"的战役才宣告结束。"氧化说"开始在燃烧的世界中站稳脚步，氧气在燃烧中的核心地位才得到正名。

氧气——我和我的家族成员

　　其实，除了氧气，空气中还含有氮气、二氧化碳（克鲁克香克得到的"固定空气"）以及一些稀有气体。说到氧气在空气中的含量，我们就不得不提到氮气。

　　1755 年，一位叫约瑟夫·布拉克的英国医生发现高温煅烧石灰石的时候，会得到一种新的气体（CO_2），这种气体可以溶于水，并且水溶液是酸

丹尼尔·卢瑟福

性的。而且他发现除了这种酸性气体，反应瓶里面还有一种不知名的气体。当燃烧的蜡烛靠近这种不知名的气体时，蜡烛瞬间就熄灭了。这种未知气体是什么呢？为了解开这个谜团，布拉克让自己的学生卢瑟福也开始对这种未知气体进行研究。（此卢瑟福非彼卢瑟福，这个卢瑟福叫丹尼尔·卢瑟福，并不是原子核之父欧内斯特·卢瑟福。）17年以后，卢瑟福才窥得一点真相。他用碱性的溶液吸收掉新气体后，将小老鼠放入剩下未知气体的反应容器中，小老鼠很快死亡。基于这个现象，卢瑟福认为这种气体不能维持生命、不溶于碱性溶液，还会让蜡烛熄灭，干脆叫它"浊气"好了。

同年，也就是1772年，普利斯特列研究燃烧的时候，发现反应容器中逸出的"脱燃素空气"大约为1/5，而剩下的4/5都为"浊气"，又称为"被'燃素'饱和了的空气"。除此之外，舍勒在追寻"燃素"的路上，也发现像硫黄、松节油等可燃物质分别在密封的容器里点燃后，容器里剩下的气体虽然比空气轻，但并不支持燃烧。因此他推论："燃素"并不在这些剩下的空气中。他将剩下的气体叫作"劣质空气"。

两年后，拉瓦锡将其命名为Nitrogen，意思是"不能维持生命"。传入我国时，清代化学家徐寿把"劣质空气"翻译为"淡气"，意思是"冲淡"了空气中的氧气。后来，科学家把"淡气"译成"氮气"。

随着时间的推移和科技的进步，测量仪器也更加精密。现在对于空气的成分已经有了明确的认识。

"空气的组成及各组分体积分数：氮气（N_2）约占78%，氧气（O_2）约占21%，稀有气体（氦He、氖Ne、氩Ar、氪Kr、氙Xe、氡Rn）约占0.939%，二氧化碳（CO_2）约占 0.031%，其他气体和杂质约占 0.030%，如臭氧（O_3）、一氧化氮（NO）、二氧化氮（NO_2）、水蒸气（H_2O）等。"

空气——神秘且实用

　　说到此处，燃烧的奥秘以及空气组成的谜团已经解开了。这些气体有什么用处呢？其实，这些气体广泛应用于我们的日常生活：氧气是生命的源泉，没有它也就没有生命。二氧化碳则是植物进行光合作用制造有机物质的重要原料，没有它，我们的地球将失去绿色，变得黯淡无光。自氮气问世后，科学家已经把它运用得炉火纯青。如用于制造氮肥，包装袋中充氮气用于食品保鲜，给汽车轮胎充气等等。而且氮气的另一种形式——液氮，也是用处良多：医疗上，液氮可以冻死病变的细胞，也经常用于除斑等手术；科学研究中，到处有液氮的身影，尤其是化学生物学领域，比如用于蛋白质及其晶体的保存。而对于我们较为陌生的稀有气体，常常作为电焊和制作精密零件时的保护气。

　　氧气的探寻之路告诉我们：科学需要不断地批判与反思，科学的道路上需要勇气去质疑一些事实，事实也许并不是真理，我们需要用智慧的眼光去铸就科学的未来！

引领

从"元素"到"元素周期表"

环"元"之旅

1	2	3	4	5	6	7	8	9	10	11	12	13	14	15	16	17	18
1 H 氢																	2 He 氦
3 Li 锂	4 Be 铍											5 B 硼	6 C 碳	7 N 氮	8 O 氧	9 F 氟	10 Ne 氖
11 Na 钠	12 Mg 镁											13 Al 铝	14 Si 硅	15 P 磷	16 S 硫	17 Cl 氯	18 Ar 氩
19 K 钾	20 Ca 钙	21 Sc 钪	22 Ti 钛	23 V 钒	24 Cr 铬	25 Mn 锰	26 Fe 铁	27 Co 钴	28 Ni 镍	29 Cu 铜	30 Zn 锌	31 Ga 镓	32 Ge 锗	33 As 砷	34 Se 硒	35 Br 溴	36 Kr 氪
37 Rb 铷	38 Sr 锶	39 Y 钇	40 Zr 锆	41 Nb 铌	42 Mo 钼	43 Tc 锝	44 Ru 钌	45 Rh 铑	46 Pd 钯	47 Ag 银	48 Cd 镉	49 In 铟	50 Sn 锡	51 Sb 锑	52 Te 碲	53 I 碘	54 Xe 氙
55 Cs 铯	56 Ba 钡	57-71 镧系 lanthanoids	72 Hf 铪	73 Ta 钽	74 W 钨	75 Re 铼	76 Os 锇	77 Ir 铱	78 Pt 铂	79 Au 金	80 Hg 汞	81 Tl 铊	82 Pb 铅	83 Bi 铋	84 Po 钋	85 At 砹	86 Rn 氡
87 Fr 钫	88 Ra 镭	89-103 锕系 actinoids	104 Rf 𬬻	105 Db 𬭊	106 Sg 𬭳	107 Bh 𬭛	108 Hs 𬭶	109 Mt 鿏	110 Ds 𫟼	111 Rg 𬬭	112 Cn 鿔	113 Nh 鿭	114 Fl 𫓧	115 Mc 镆	116 Lv 𫟷	117 Ts 鿬	118 Og 鿫

57 La 镧	58 Ce 铈	59 Pr 镨	60 Nd 钕	61 Pm 钷	62 Sm 钐	63 Eu 铕	64 Gd 钆	65 Tb 铽	66 Dy 镝	67 Ho 钬	68 Er 铒	69 Tm 铥	70 Yb 镱	71 Lu 镥
89 Ac 锕	90 Th 钍	91 Pa 镤	92 U 铀	93 Np 镎	94 Pu 钚	95 Am 镅	96 Cm 锔	97 Bk 锫	98 Cf 锎	99 Es 锿	100 Fm 镄	101 Md 钔	102 No 锘	103 Lr 铹

元素周期表

欢迎来到元素世界最小的国度——氢（H，原子序数为 1）。我很小，但是我却很重要。单兵作战，我是工业界的基石，也是瞄准疾病的子弹。团结协作，我组成了身体必需的水、糖类和蛋白质。我是元素周期表的"始发站"，接下来我会一直陪着你们走到环"元"之旅的终点。

接下来，我们即将踏上元素世界中导电性排名第二的国度——铜（Cu，原子序数为 29）。铜具有优良的导电性，所以常被用在电缆及各种电子元件中。毫不夸大地说，铜是让世界变得明亮的功臣。

氢，最近过得好吗？大家好！我是钡（Ba，原子序数为 56），我活泼开朗，身披银装，酷爱捉迷藏，所以自然中很难找到我的身影哦！怎么找到我？每当我和朋友一起玩的时候，散发耀眼绿光的就是我啦！（钡的化合物在燃烧时发出绿光）对啦，如果你吃完大餐，胃不舒服的时候可以到医院来找我哦！一顿"钡餐"，就可以揭开消化道的秘密啦！

果然还是那个热情奔放的钡，我想我可以不用做导游了，暂时失业休息啦！

你们刚刚看到碘（I，原子序数为 53）了吗？他还是穿着紫黑色套装吗？是不是你们还没靠近，酒味就老远地传过来了。可惜他只有和酒相处时，才能完全发挥自身的才华。别人是借酒消愁愁更愁，碘这家伙可是有酒更上一层楼。（碘单质在酒精中溶解度最好）53 和 56，听着像是邻居，但实际上我俩是君住长江头，我住长江尾！明明看似比邻而居，为何又咫尺天涯？想探个中究竟，且听我娓娓道来。

"物以类聚，人以群分。"化学元素指的是具有相同的核电荷数（或核内质子数）的一类原子的总称。元素不同，性质也千差万别。但是到底存在多少种元素？还有多少种元素等待着科学家们去发现？这些元素之间又有怎样的变化？它们的变化是杂乱无章，还是有序可循？为求得这一连串问题的答案，无数的科学家投身于研究元素规律的浪潮中。

经过众多科学家的漫长追寻，"素颜"版的元素周期表终于蜕变成"精修"版，根据原子核电荷数从小至大排序的一张化学元素列表，也就是现在广为流传的元素周期表。小小的一张表，囊括了所有元素，而且他们都坚守着自己一方天地，相安而居。

氢，该启程了！前路漫漫，正好说道说道元素周期表的蜕变。

元素周期表的蜕变

一提到元素周期表，人们脑海里首先浮现的肯定是门捷列夫。其实，在门捷列夫之前，还有许多科学家为此立下了汗马功劳。"氧化说"提出后，拉瓦锡毫无疑问成了科学界的巨擘。但是这位伟大的科学家并没有因此而止步，依然在化学长廊中发光发热。当拉瓦锡将目光投向元素时，元素成了科学聚焦灯下的宠儿。

1789 年，拉瓦锡撰写了《化学基础论》，提出"元素"应该是不能被分解的物质。在文中，拉瓦锡收录了当时已发现的 33 种化学元素，将它们做成了一张表并且给它们重新命名。虽然有些词语并不属于

拉瓦锡撰写的《化学基础论》
（右栏为元素的旧称，左栏为拉瓦锡取的新名称）

律动

化学元素的范畴，如光、火、粉笔等，但是像钴、铜、锑这样的名称至今仍在使用。

道尔顿

1803 年，英国化学家道尔顿提出原子理论，并公布了他的第一张含有 21 种原子的原子量表，其中包括每种原子的性质和质量。他还给这些原子引入了"符号"，用一个个带字母的小球给这些原子做了标记，这就是我们现在使用的元素符号的雏形。

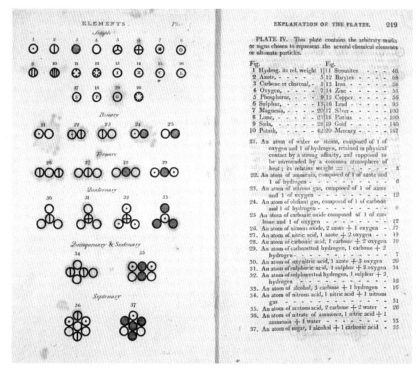

许多个小球（原子）构成了分子

后来，瑞典化学家贝采利乌斯觉得这些小球画起来太麻烦了，就把小球去掉，取英文名称的首字母或前两个字母，又或是音节的首字母，作为"元素符号"。例如，氧元素（Oxygen）的符号是 O，和现在的一样。钠（Sodium）就是 So，这和现在用的（Na）不一样。另外，贝采利乌斯发现了硒、硅、锆和钍这些新的元素。

现代化学命名体系的建立者——贝采利乌斯

1829 年，德国化学家约翰·德贝莱纳发现很多元素在性质上都很相似，并提出了"三素组"的学说。德贝莱纳选择了当时发现的 54 种元素中的 15 种，三三分组后，竟意外发现中间元素的质量大小正好等于第一个和第三个的平均数，比如锂、钠、钾；氯、溴、碘；钙、锶、钡。1865 年，英国化学家纽兰兹发现，如果一行中放入 7 个元素，相应的同一列的元素会有比较相似的性质，也就是说这样排列时，第 8 种元素的性质会和第一种

门捷列夫

元素相似。这个特性就和钢琴的音阶一样，"do re mi fa sol la xi"之后又是"do re mi fa sol la xi"，因此，纽兰兹将其称为"八音律"。

1869 年，俄国化学家门捷列夫把当时已发现的 63 种元素，根据原子量绘制成了一张表。他发现将元素按原子量由小到大排列时，它们具有的物理性质和化学性质具有一定的周期性变化规律，门捷列夫把这一规律称

作"元素周期律"，并于 1869 年 2 月 7 日正式公布了这张图表，这也是世界上第一张元素周期表。

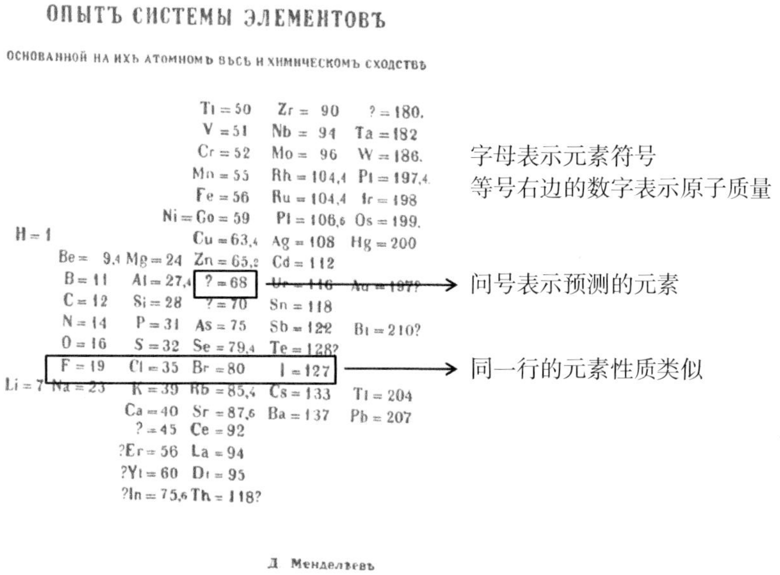

ОПЫТЪ СИСТЕМЫ ЭЛЕМЕНТОВЪ

ОСНОВАННОЙ НА ИХЬ АТОМНОМЪ ВЪСЬ И ХИМИЧЕСКОМЪ СХОДСТВЪ

字母表示元素符号
等号右边的数字表示原子质量

问号表示预测的元素

同一行的元素性质类似

Д. Менделѣевъ

1869 年出版的门捷列夫撰写的《化学原理》中的元素周期表

跨越了一个世纪的风霜，元素周期表才有了雏形。历史不会签名，但是他会用时间证明科学创新是无数科学家一起努力、坚持不懈的研究硕果。值得注意的是，门捷列夫的元素周期表不仅涵盖了当时已发现的所有元素，还对不曾发掘的元素做了预测。然而，这在当时却受到了学术界的嘲笑，大家并不相信就这么一张表竟然有未卜先知的本事，觉得门捷列夫的预测是天方夜谭。

直到 1875 年，法国化学家博伊斯鲍德兰发现了门捷列夫预测的类似铝的元素——镓。这一发现，让大家开始重新审视门捷列夫的元素周期表。随后，类似的元素锗和钪等相继被发现，再次印证了门捷列夫的理论和预测。

金属镓、锗和钪

细细研究，你会发现今天的元素周期表还是和门捷列夫的周期表不完全一致。实际上，门捷列夫绘制的元素周期表并非完全正确。有些元素的性质虽然不同，但是它们却被归作一类。这是因为他的周期表是根据原子的质量排布的。1913年，英国化学家莫斯利修改了门捷列夫的元素周期律，指出这些元素的周期性变化不是原子质量的原因，而是原子核内质子的数目（原子序数），这也是现在元素周期表排列的依据。

元素周期表的妙用

元素周期表的每一列和每一行其实都蕴含着许多的秘密，从左到右，自上而下，由列及行，元素的化学性质总是在相似中慢慢变化。纵列叫作族，横行叫作周期。第一横行就叫作第一周期。第一纵列叫作第一主族，在这一主族内除了氢元素，其他都是金属元素，如锂、钠、钾、铷、铯等，又叫作碱金属。最右边的这一列，由于它们在空气中的含量极其少，所以被称为稀有气体元素。

元素周期表已经发展得比较完善了，定位一个元素，放大这个小表格，你会发现每个元素的详细信息：元素周期表中每一小格正中间是元素的中文名称，右上角是元素符号，左上角是原子序数即元素的编号。比如，铀是92号元素，中文名字下方标注了它的核外电子排布和相对原子质量。

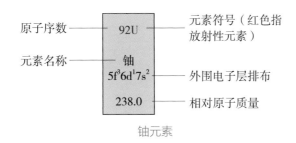

原子序数 —— 92U —— 元素符号（红色指放射性元素）

元素名称 —— 铀

5f³6d¹7s² —— 外围电子层排布

238.0 —— 相对原子质量

铀元素

留白意味着期许，预示着挑战，不负众望，越来越多新元素被科学家们发现。

2000 年 7 月 19 日，俄罗斯杜布纳联合核子研究所和美国劳伦斯利弗莫尔国家实验室合作合成了元素周期表上的第 116 号元素，从而确认了这一新元素的存在，但该元素存在了 0.05 秒后便衰变成了其他元素。2006年 10 月 16 日，两者又合作成功合成了 118 号超重元素，观察到其存在了不到 1 毫秒的时间。

2010 年，杜布纳联合核子研究所成功合成了 117 号新元素。

2016 年，国际纯粹与应用化学联合会（IUPAC）公布了对 113、115、117 和 118 号元素的命名。

原子序数	元素符号	元素名称（英文）	元素名称
113	Nh	Nihonium	钬 nǐ
115	Mc	Moscovium	镆 mò
117	Ts	Tennessine	鿬 tián
118	Og	Oganesson	鿫 ào

如今，元素周期表的第 7 周期已被完全填满。科学家们应该正在努力地合成第 8 周期的第 1 个元素，接下来会是什么呢？让我们拭目以待吧。

"氢氦锂铍硼，碳氮氧氟氖，钠镁铝硅磷，硫氯氩钾钙"，化学之歌浅吟低唱，每个元素背后都有一个神奇的故事，正是它们，见证了人类由混沌到光明的历史。

重新认识我们的世界

物质都是由元素组成的。有的物质由几种不同元素组成——比如二氧化碳中就含有碳和氧两种元素,而有的物质却只含有一种元素——比如两个氢原子构成的氢气分子。你可能会好奇,既然一种物质可以由多种不同元素组成,那么一种元素能不能组成多种不同物质呢?答案是肯定的!比如,磷元素就能组成三种性质完全不同的物质:柔软、剧毒且易燃的浅黄色白磷,较硬、无毒且稳定的红色红磷,以及坚硬、黝黑且几乎不燃的黑磷。又如,平常我们呼吸到的无气味的氧气和雷雨天过后空气中散发的淡腥味道的来源——臭氧,也都是由氧元素组成的。

白磷　　　　　红磷　　　　　黑鳞

三种磷

如果把元素比作积木,那么氧气和臭氧、红磷和白磷,就像用同一种积木拼成的形状不同的建筑。化学上把这种由单一化学元素组成,因排列方式不同而具有不同性质的物质称为同素异形体(allotrope)。同素异形现象在一百多种化学元素中普遍存在,人们对这些物质的研究也贯穿了至今为止的化学发展史的始终。下面,就让我们跟随化学学科一路走来的脚步,见证人类与三种同素异形体的故事。

奇花初胎，矞矞皇皇——碳的同素异形体的故事

化学是脱胎于炼金术（alchemy）的一门现代科学。一批思想先进的自然哲学家们继承并发展了炼金术士们开创的实验方法，并逐步摒弃了炼金术的核心——神秘学思想，逐步将这一学科导向了正轨。现在，我们把时间拨回到 18 世纪中叶。此时，距牛顿的旷世名作《自然哲学的数学原理》问世已近百年，科学思想已在文艺复兴后的欧洲广泛传播。此时的化学如同懵懂的婴儿，正等待着有识之士的抚养和引导。这个时期，统治欧洲化学界的主流思想被称为"燃素说"，其核心观念如前文提到，可燃烧的物质中均含有一种具有"负质量"的"燃素"，燃素被空气从物质中抽离后即可形成火焰，而留下的是质量增大但不再可燃的残渣。燃素学说是科学家们对归纳演绎的最早尝试，也可以解释一些常见的现象，是一种巨大的进步。但无疑，燃素说中仍掺杂着炼金术士们的神秘学思想，无人能分离到的"燃素"本身也成为这一学说的最大软肋。主流学说亟待完善，而正是在这一时期，值得所有化学工作者毕生铭记的伟大先驱——拉瓦锡，开始了他的学术生涯。

碳，作为地球上"碳基生物"的生命之源，几乎是与人类关系最密切的元素。人们对碳元素最早的了解来自煤炭和木炭，这也是碳元素最常见的存在形式——无定形碳。黝黑、廉价的无定形碳，自文明伊始就用光和热庇护着人类，长久以来，"可燃"即是碳元素最重要的性质。相比之下，很少有人会乐意将透明澄澈、坚硬无比且价值连城的金刚石投入炉膛中化为乌有。然而，在燃素说流行的时期，富有探索精神的法国化学家马凯尔和卡德曾在空气中用高温点燃了钻石，并吃惊地发现钻石燃烧之后没有留下任何痕迹。这项实验一度令燃素学说的拥趸们认定，钻石即是纯净的燃素，但钻石的正质量又使他们苦恼不已。1772 年，拉瓦锡找到了这两位化学家，并与他们一同重做了金刚石燃烧实验。与前次不同的是，拉瓦锡设

计的实验里包含了一项隔绝空气加热钻石的新内容，这项实验表明在没有空气的情况下，无论将金刚石加热到多高的温度，它均不会燃烧。

拉瓦锡对钻石的燃烧产生了浓厚的兴趣，他设计了一系列实验来探究燃烧之后的钻石到底去向了何方，变成了什么物质？他将玻璃瓶倒扣在水银或水面上，在瓶中装满空气，并用聚光镜点燃置于瓶中支架上的钻石。钻石燃烧之后，他发现倒扣在水银上的玻璃瓶中，水银液面完全没有上升，而倒扣在水中的玻璃瓶，其液面略有上升。1774 年，在拉瓦锡听完自己的好友、呼吸作用的发现人普利斯特里介绍的用聚光镜加热汞灰（即氧化汞）可得一种助燃作用极强的气体之后，结合之前发现的"蜡烛、木炭燃烧和老鼠呼吸产生的空气均能让澄清石灰水变浑浊"的现象，马上改进了自己的钻石燃烧实验。最终他发现，加热汞灰产生的"超纯净空气"与空气一样，均能使钻石在其中燃烧，并产生能让石灰水变浑浊的"固定空气"。这一结论证明，钻石的主要成分和木炭别无二致。这在当时是个令人瞠目结舌的结果——黑而便宜的木炭与澄澈昂贵的钻石，居然是由同种组分组成的。

实验中的拉瓦锡

这是人类历史上对"同素异形体"的最早认知。在拉瓦锡所处的时代，"元素""原子"等词汇与其说是科学概念，不如称之为纯哲学概念。在明确"元素"的本质之前就道出了同"素"异形体的本质，而且用以观察的炭—钻石这对案例几乎是所有元素的同素异形体中外观差距最大的一组。拉瓦锡的洞察力和勇气在此体现得淋漓尽致。而这对他来说还远远不够——他结合钻石、金属在空气中燃烧的实验及汞和汞灰之间的相互转化现象，提出了正确的燃烧学说——氧化说，彻底推翻了燃素说。在此过程中他提倡的"定量化学"方法，直至今日仍是所有化学家的信条。数年后的1779 年，年轻的化学家舍勒用相同的方法证明，乌黑柔软、适合用于写字作画的矿物——石墨，也具有与金刚石和煤炭完全一致的构成。至此，碳元素的三种最常见的同素异形体——无定形碳、金刚石和石墨，均已被人类发现，它们之间的关系也大致为人所知。

今天我们知道，三种物质的根本区别在于其结构不同。石墨和金刚石都属于晶体，其中，石墨通过一种叫"六方堆积"的形式，层层叠叠形成大块，层与层之间可以发生滑移，而每一层上的电子都可以自由流动。这就是石墨润滑作用和导电性的本质原因。而金刚石则是通过一种叫作"立方堆积"的形式，形成与石墨完全不同的晶体结构。至于无定形碳，顾名思义，并不具备成型的晶体结构。实际上，虽然石墨柔软而金刚石坚硬，但石墨分子比金刚石分子更稳定。想将金刚石转化为石墨或无定形碳相对来说很容易，但反之则不然。人工合成钻石虽然已经实现，但这项技术所需条件苛刻、成本高昂，基本不具备实用价值。

石墨

金刚石

无定形碳

碳的三种同素异形体

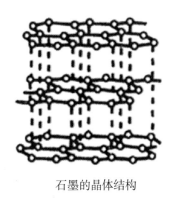

石墨的晶体结构　　　　　　金刚石的晶体结构

石墨和金刚石的晶体结构

　　在化学学科的启蒙时代，碳元素同素异形体的发现无疑是意义重大的进步，为随后元素学说走上正轨奠定了坚实的基础。拉瓦锡等一众开创者，用勇气和智慧，哺育了襁褓之中的化学学科，使其得以开始茁壮成长。碳元素同素异形体的故事到这里告一段落，而化学的故事，还有很长……

潜龙腾渊，鳞爪飞扬——铁的同素异形体的故事

　　铁，作为人类最早探知和应用的金属之一，几乎在整个文明史中都留下了自己的印迹。早在公元前 2700 年，美索不达米亚平原上的先民们就开始亲手锻造铁器。

　　世界各地铁器文明蓬勃发展的过程中，人们发现，铁像是淘气的孩子一般难以捉摸。铜是很乖的金属材料——加热升温会让铜变软，此时可以方便地将它锤打锻造成人们想要的形状；如果继续升高

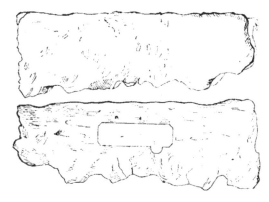

于齐阿普斯金字塔中发现的铁器

温度，铜会熔化成液态，若是将液态的铜灌进模具里，并等待温度慢慢下降，铜会先变成软软的可铸造状态，然后逐渐变硬，最后被铸造为多样的铜器。但铁的铸造却不是这么简单了。滚热的铁水冷却之后，有时得到软而韧的熟铁，有时得到硬而脆的生铁，有时得到的是蓬松多孔的海绵铁，有时得到的又是纹饰环绕的大马士革钢。

这些现象在冶铁文明的早期给人们带来了极大的困扰，随着经验的积累，人们大致摸索出了碳含量对铁性质的影响，并逐渐掌握了制造不同种类铁的方法，还开发出了淬火、渗碳等冶铁工艺。铁这个任性的孩子，在一晃而过的数千年时光里，慢慢地服从了人类的管教，但人类对它的内心世界——即形态和性质变化的原理几乎仍是一无所知。

直到金相学的到来。

19 世纪前中期是化学学科成长最迅速的时期之一。短短的 50 年间有近 30 种新元素被发现，后世化学的两大分支之一——有机化学的概念也于此时被提出。化学家们的知识水平、实验技巧和归纳能力得到了极大提高，并将这一学科引入了以 1869 年出现的元素周期表为标志的全新境界。正是在这一时期，1863 年，以擅用显微镜观察岩石而为人所知的英国地质学家索比在观察经酸腐蚀的锻铁片时，发现了与 1808 年阿洛伊斯·魏德曼施泰登在陨石铁中观察并记录到的相同的组

生铁锭

熟铁锅

海绵铁

大马士革钢刀

生铁、熟铁、海绵铁和
大马士革钢

织，这些针状和片状的组织被索比命名为"魏氏体"，以纪念魏德曼施泰登。

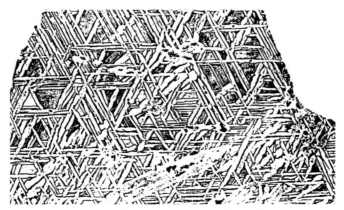

1808 年魏德曼施泰登观察到的魏氏体

此后，他进一步完善了金相抛光技术，在钢铁显微观察中发现了铁素体、渗碳体和珠光体等结构，并对淬火、回火等钢铁冶炼技术的原理给出了现在看来基本正确的解释。索比是一名地质学家，作为副业，对钢铁的显微组织及热处理中的相变过程进行了细致的观察和解释。此外，他还讨论了晶粒、再结晶、形变中晶粒的变化等现象，是金相学当之无愧的奠基人。

随着钢铁工业的进一步发展，一批富于探索精神的工程师逐渐成长为优秀的金相学家，其中就包括德国的阿道夫·马滕斯和法国的弗洛里斯·奥斯蒙德。早在索比的研究结果传到他们所在的国家之前，两位工程师就分别开展了自己对钢铁显微结构的观察。马滕斯是一名严谨的实验家，他的信条是"多观察，多记录，少推论"。他与德国的蔡司光学仪器厂合作，开发出了第一种专用于金相学观察的显微镜，并不遗余力地宣传金相学在钢铁工业中的重要性。在他的影响下，不少大型钢铁企业纷纷建立了自己的金相实验室，这为日后金相学的繁荣奠定了基础。

与马滕斯相比，奥斯蒙德更贴近我们脑海中"科学家"的形象——他开创性地将钢铁的金相特性和热导率、电导率等其他性质加以统合分析，同时，他不仅仅满足于对钢铁形貌的观察，而是将化学这一有力工具引入其中。1887 年，他利用新发展出的铂铑热电偶，发现了铁的三个相变点，之后他观察到了三种铁的同素异形体——α - 铁、β - 铁和 γ - 铁，并推断出了它们准确的晶体结构，而此时，距离晶体结构解析中最重要的原理——X 射线衍射的发现还有 9 年。

三种铁的同素异形体的发现和确认从根本上改变了人们对这种奇妙金属的认识。很快，奥斯蒙德结合前人的观察结果，对冶炼过程中铁的变化做出了详细的解释：在铁降温的过程中，一部分碳元素可以渗入铁形成的晶格之中，而铁晶格无法容纳的碳元素会与铁反应，形成硬度极高但全无韧性和可塑性的渗碳体（Fe_3C）。含碳量最高的铁水在冷却时，会生成大量的渗碳体，造成铁水直接固化成难以加工的生铁块；而含碳量更低的铁，在温度降低至约 1400℃时，碳能全部渗入铁的晶格之内，形成"奥氏体"，这种结构中铁以 γ - 铁的形式存在，奥氏体具有不错的韧性，可供加工。随着温度进一步降低，有一部分碳会从奥氏体中进一步析出形成渗碳体，此时铁的硬度上升而韧性下降。而奥氏体在降温至 900℃左右时，γ - 铁会逐渐转变为 α - 铁。这种铁也被称为铁素体，其韧性极好但强度很差。相比于 γ - 铁，α - 铁形成的晶格更加致密，因而铁素体能容纳的碳元素数目很少，在其形成的过程中渗碳体会进一步析出，这些碳与铁素体相间排列，形成的结构被称为"珠光体"。因此，铁的含碳量越高，冷却过程中生成的渗碳体越多，得到的铁块就越硬而脆，称为生铁；反之，碳的含量越少，得到的铁块就愈软而韧，称为熟铁。后来，经过激烈的学术讨论，科学家们进一步得出结论，若将奥氏体的温度迅速降低，使 γ - 铁到 α - 铁的转变来不及发生，碳元素就会在铁晶格内部析出，得到被称为"马氏体"的亚稳态坚硬结构，这就是淬火的原理。此后，科学家们又发现了一种铁在高温下的新型同素异形体——δ - 铁，并证明奥斯蒙德所述的 β - 铁实际上与 α - 铁没有本质区别。

α-铁

γ-铁

δ-铁

α-铁、γ-铁和
δ-铁的晶体结构

奥斯蒙德等科学家的研究成果终于使铁那坚硬不透明但狡黠多变的内心以真面目示人，从此，钢铁工业有了坚实理论基础的指导，发展更为迅速。值得一提的是，为金相学进步做出了巨大贡献的奥斯蒙德一直保持了惊人的谦虚和低调。他将珠光体中的一种以索比的名字命名为"索氏体"，将自己发现的碳在α-铁中的合金以铁-碳相图的绘制者罗伯茨·奥斯汀的名字命名为"奥氏体"，将淬火得到的铁-碳亚稳结构以马滕斯的名字命名为"马氏体"，而自己却不争任何荣誉，甚至要求人们在他逝世后的讣告中绝不提他在金相学方面的贡献。而今，金相学以其独特的魅力和极强的实用性，得到了蓬勃的发展，其研究范围从钢铁材料扩展到了各种合金材料，并进一步延伸到了非金属材料领域，成了一门包罗万象的重要学科。这个结果，足以告慰奥斯蒙德等先辈的在天之灵了。

这，就是一度为人们最陌生又最熟悉的金属元素——铁的同素异形体的故事，也是"少年时代"的化学学科，在人类文明史上留下的浓墨重彩的一笔。

鹰隼试翼，风尘翕张——锡的同素异形体的故事

锡是一种软软的、略带蓝色的金属。由于冶炼容易且便于加工，这种金属在商周时期就开始被人们制成锡币和锡壶等。作为青铜的组分之一，它在青铜时代大放异彩，成了大名鼎鼎的"五金"之一。

锡有许多独特的性质，比如极强的展性、优秀的耐腐蚀性，以及"锡鸣"——用力弯折一根锡条时，它会发出"唧唧"的声音。不过，锡给人留下印象最深刻的特性，非"锡疫"莫属。

"锡疫"是指成型的锡制品——特别是低温时——会自发崩解成一堆灰扑扑的粉末,而且这个过程如同传染病一般:只要一大块锡中有一小部分产生了"锡疫"现象,就会以很快的速度蔓延到整块金属上。"锡疫"正因此得名。

早在古希腊时期,亚里士多德就注意到了这种现象。长久以来,"锡疫"一直困扰着人类,教堂里一夜之间化为尘埃的输水管一度被认为是恶魔的杰作,而对建筑师和博物馆管理人员来说,"锡疫"更是如同噩梦一般——无论是新建的锡制屋顶还是古老的锡币,都有可能感染上这种可怕的"疾病"。1812 年,此前战无不胜的拿破仑率领法军东征莫斯科,他手下训练有素的炮兵和精锐的老近卫军面对着俄国土地上的"冬将军"也一筹莫展,而士兵们大衣上神秘消失的锡制纽扣更是让法军的境遇雪上加霜。1912 年,挪威探险家斯科特在与阿蒙森以南极极点为终点的伟大赛跑中落败后,发现他不得不面对更绝望的情况——自己在返程线路上留下的装在锡桶中的燃料漏得干干净净。南极的极寒和"锡疫"一起,夺走了这位伟大探险家的生命。

时值 20 世纪初期,化学学科已有了相当程度的积累。1885—1890 年,俄国结晶学家费多罗夫完成了 230 个空间群的严格的推引工作,标志着几何晶体学这一化学分支理论基础的基本成型;而 1895 年伦琴发现的 X 射线和后续诞生的 X 射线衍射技术,更是让人们得以直观地对晶体的精确结构进行表征。这些进步让化学家们在面对复杂问题的挑战时有了更多"武器"。1899 年,当发现自家仓库中从银行取来的锡币变成了一堆粉末之后,荷兰化学家科恩决定发掘出这种讨厌现象的全部秘密。科恩发现,如果把"锡疫"发生后化成灰色尘埃的锡浸入热水,它们能恢复为"染病"前的银白色,也就是说,"锡疫"现象是可逆的。科恩敏锐地意识到,块状"白锡"与粉末状"灰锡"的相互转化,极有可能是锡金属晶格结构的变化导致的,也就是说,白锡和灰锡是锡元素形成的两种同素异形体。这一猜测

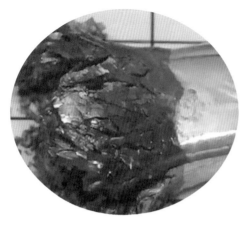

"锡疫"

被后续的晶体衍射实验证实：白锡中，锡原子组成了一种扭曲的八面体形状的晶胞，而灰锡中，锡原子的排布是金字塔形的——对，和金刚石一模一样。前面已经提到，金刚石型晶胞是一种疏松的构型，因此白锡转变为灰锡后，密度会明显降低。此后，科恩测量出白锡和灰锡互相转化的温度在 12 ~ 14.5℃，并于 1935 年将这个温度值精确定位在 13.2℃。

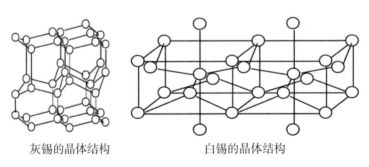

灰锡的晶体结构   白锡的晶体结构

白锡和灰锡的晶体结构

现在，科恩已经弄清楚了"锡疫"的症状，但其"传染性"的来源尚不为人知。只需一小撮灰锡就能很快地将一大块白锡转变为灰锡，这个过程甚至可以在 20℃以上的环境中进行。可能引起这种奇特现象的原因有很多，为了查明真相，科恩四处收集不同地区、不同年代出产的各种锡样品，甚至费尽心机找来了 2200 年之前的文物级锡用以研究。受限于当时的冶金学水平，科恩能找到的纯度最高的锡，以现在的眼光来看也只能称得上是一种"合金"，说是"世界上没有两块相同的锡"也毫不为过。因此，科恩实验的重复性非常差，从中归纳出结论的难度可想而知。

　　科恩最终得到一个他自认为粗糙的结论：白锡转变为灰锡是一个与"重结晶"类似的内部张力释放的过程，而与白锡接触的灰锡能起到一种"结晶核"的作用，促进白锡的灰锡化，同时，铋等金属的加入会抑制"锡疫"的传播，而镁等金属则会促进这个过程。所谓"重结晶"，指的是小晶体或非晶体在饱和溶液中自发转变为大晶体的过程，这种技术在古代被广泛应用于火药原料硝酸钾的提纯。重结晶过程中如果加入一些已形成的小晶体作为"结晶核"，则结晶速度会大大加快。然而，可能连科恩自己也没想到，他使用的这个类比与真相是如此接近。

　　科恩之后，一直有好奇的化学家孜孜不倦地探究"锡疫"这个课题，随着冶金学和现代表征手段的发展，后来者们不但能得到纯度极高的锡用于研究，而且能对"锡疫"过程进行更加直观和细致入微的监测。2001 年，俄罗斯科学家斯达尔喀斯在整合了他人成果和自己经数年实验得到的数据后，提出了"种子 – 成核"机理，才为这项旷日持久的研究画下了一个休止符。在他提出的模型中，可以把灰锡想象成一粒粒种子，而将白锡想象成富含养分的土壤。当灰锡与白锡接触后，灰锡会不断地从白锡上攫取锡原子，并让自己长得更大，如同种子从土壤中吸收养分长成植物一般。灰锡生成得越多，攫取锡原子的速度就越快，好比植物长得越大，需要的营养物质越多。最终，这颗"种子"会吸收掉"白锡"这片土壤中的全部养分，让其完全转化为灰锡。在这个模型中，前人发现的氧气及其他金属元素对"锡疫"过程的影响均能得到很好的解释。此后，其他研究者探究了降温速度、热历史，乃至锡块铸造方式等对"锡疫"过程的影响，进一步完善了人们对这一现象的认知。

　　从 1899 年到 2001 年，几乎是整整一个世纪的时间中，有几十位优秀的化学家倾注了难以计量的精力，只为揭开看似简单的"锡疫"现象的奥秘。枯燥的实验、不完善的理论模型、杂质超标的研究对象……种种意想不到的困难，绝不会拦得住化学家们探求真理的脚步，然而真理也从不曾甘心束手就擒。一个小问题的解决往往需要耗费无数人的心血，这才是科研工作的常态，可这个过程中饱含的辛酸和欢乐、悲壮与豪迈，足以让亲历者和旁观者们感慨一句：

"任是无情也动人。"

这，就是喜欢尖叫的金属——锡的同素异形体，在化学学科的"青年时代"留下的故事。

前途似海，来日方长——碳同位素的新故事

时间来到 20 世纪后期，此时的化学学科已经发展到了比较成熟的阶段，现代化学常用的表征手段已基本齐备，单晶衍射技术、质谱技术、核磁共振技术和电子显微镜的发展，让人们得以以全新的视角观察化学物质和反应。同时，有关化学反应和分子结构的基础理论也获得了长足的发展。1970 年，北海道大学助理教授大泽映二在与儿子踢足球时想到，也许存

在一种由纯碳原子构成的、形状像足球一样的分子。接下来，他开始研究这种球状分子，不久就发现这种结构可以由截去一个二十面体的顶角得到。大泽映二将之称为截角二十面体，就像足球的拼皮结构那样，并于第二年将这种由 60 个碳构成的假想分子写入了自己的著作《芳香性》一书中。然而，由于这本书是用日语而非英语写成的，他的成果并没有得到学术界的重视，不久之后他也放弃了对这类分子的进一步探究。

熟料十几年之后，他的猜想逐步变成了现实。1980 年，日本化学家饭岛澄男在分析

截角二十面体和足球

碳膜的透射电子显微镜图时，观察到了如同切开的洋葱一般的同心圆结构，即 C_{60} 的第一张电子显微镜照片。日后人们才意识到，这其实正是大泽映二设想的分子。随后，1984 年美国新泽西州艾克森实验室的研究团队在进行用激光汽化蒸发石墨的实验时，通过飞行时间质谱仪发现了一系列由数个至数十个碳原子构成的分子产生的信号，其中最强的信号来自 C_{60} 和 C_{70}。不过当时的他们与大泽映二和饭岛澄男一样，并未意识到自己的发现所蕴含的重大意义。

第二年，英国化学家哈罗德·克罗托与美国科学家理查德·斯莫利、詹姆斯·海斯、肖恩·欧布莱恩及罗伯特·科尔同样在石墨蒸发实验中确认制得了 C_{60}，他们推测这种分子是团簇状结构。此后，

C_{60} 分子模型　　　　C_{60} 晶体

C_{60} 分子模型及其晶体

化学家们对 C_{60} 的后续研究遇上了瓶颈，因为激光汽化石墨是一种成本极高的实验，不可能通过这种方法制得足够的 C_{60} 供研究所用。1990 年，沃尔夫冈·克拉策门等研究者突破了这个窘境，以低成本的电偶加热法实现了 C_{60} 的大批量制备。马上，对于这种新奇分子的研究开始在世界范围内如火如荼地展开。1991 年，美国化学家乔尔·霍金斯首次测得了 C_{60} 衍生物的晶体结构数据。这种表征手段是现今化学界最直观、说服力最强的证据之一，能把分子的每一根骨架都看得清清楚楚。经此，C_{60} 的准确结构终于被完全确定，人们对碳这一最早认知的元素的全新同素异形体的研究也轰轰烈烈地展开了。

同样是在 1991 年，无意中错过了 C_{60} 的饭岛澄男如臂使指地操作着他的电子显微镜，观察到了另一种完全不同的纯碳结构——碳纳米管。这

种奇妙的结构是另一种碳的同素异形体，拥有极其优良的电学、力学性质，其中空的结构也为人们将之开发为纳米反应器提供了可能性。而迈入新世纪后的 2004 年，英国曼彻斯特大学的两位科学家安德烈·海姆和康斯坦丁·诺沃肖洛夫，通过用胶带剥离石墨的简单手段，制得了此前被认为现实中不可能存在的碳的另一种同素异形体——石墨烯。石墨烯的结构类似于单层的石墨，具备优良的导电性，在柔性电子屏幕开发等方面具备充分的潜力。一经问世，石墨烯就成了化学界关注的焦点，直到今天仍然是化学界最热门的研究领域之一。

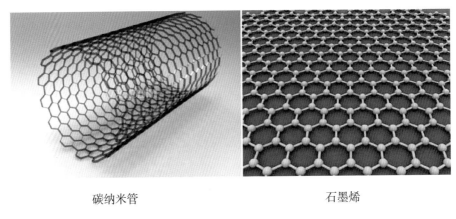

碳纳米管   石墨烯

碳纳米管和石墨烯

我们的故事由碳而始，由碳而终。初见时化学尚是未出襁褓的"婴儿"，再见时他已成长为意气风发的"成人"。人类对各类同素异形体的了解随化学的进步逐渐加深，与之相伴的，是历代化学家们的心血、汗水，是无数个通宵达旦的辛苦实验，是无数次彻夜不眠的绞尽脑汁。这些平凡而乏味的付出，实则蕴含着基础科学研究中最伟大的精神结晶——尽一己之力，为人类文明的进步铺下哪怕仅仅一块垫脚石。坚强、机敏、严谨、执着……人类具备的美好品质，在科技进步史中的每一页、每一个故事里都体现得淋漓尽致。如今，同素异形体的故事暂告一段落，但于化学、于科研、于人类文明来说，故事，才刚刚开始。

纵有四海，横有八荒，前途似海，来日方长。你，有兴趣投身于这项浪漫的事业中，写下属于自己的篇章么？

碳元素的好兄弟

——各位看客们，大家晚上好！这里是华为春季新品发布会的现场，现在是不是激动的心，颤抖的手，什么新品都想有，那接下来就让我们一起一睹华为新品的真容吧！

——延续国际惯例，我们首先从收入和市场份额等方面表达了过去一年我们对于华为产品的喜爱，漫长的等待后终于迎来了万众瞩目的新品介绍环节！

——这款产品拥有超大的影像传感器和全球首款四曲面屏幕，是全球最佳 5G 体验手机，是……

——细数该款产品的十宗"最"，关键其实就在于它搭载的芯片是麒麟 990 5G，采用的是 7nm+EUV 工艺制程，晶体管数量可以达到 103 亿，这可是世界上第一款晶体管数量超过 100 亿的移动终端芯片！

103 亿晶体管！先别急着鼓掌叫好，晶体管和芯片的那些事儿你真的都知道吗？众所周知，无论是手机还是电脑，只要是电子产品，最核心的就是芯片。那芯片到底是啥呢？事实上，芯片指的是晶体管和其他电子元件集成的电路系统，晶体管越多，能够同时处理的数据就越多，性能也就越强。说到晶体管，我们就不得不说一说晶体管最大的原料"供应商"——硅单质！

芯片

"矽"去"硅"来

单质硅，喜穿深灰色，性格内敛慢热，元素周期表中排行 14，拉丁文名为 Silicium，英文名为 Silicon，元素符号为 Si，最喜欢去的地方是硅谷。

硅单质

"硅"这个字在中国古代是没有的，它是元素的概念传到中国来的时候，科学家们为了让每一个英文元素可以和特定的汉字相对应而特意创造出来的新字。"硅"字的构造遵循了构造元素名的特定原则：气体元素用气字头（如氧、氮）；固态非金属元素用石字旁（如碳、磷、硒、碘等）；固态金属元素用金字旁（如钠、铝、锌、钡等）；在室温条件下是液态的元素含水字（如溴、汞）。因而创造出来的"硅"字用石字旁，让人一看就知道它是一种非金属元素。又因为硅是土壤的主要组成成分，科学家们想到菜畦（当时读作 xī，现在改读 qí）的"畦"字，畦是土壤，正好既会意，又与其拉丁文 Silicium 谐音。真是两全其美，让人不得不佩服当时科学家们超高的文学修养。

硅谷全景

大家这就觉得奇怪了，这"硅"字该读作 xī，为什么现在又读作 guī 呢？

这又是另一番曲折的故事。硅（xī）字刚创造出来，传播得不及时，只有少部分人知道其正确读音是 xī，其他大部分人都想当然地按着圭、桂、珪的读音将硅读作了 guī。后来，中国化学会的学者们都发现了这个问题，为了纠正这个错误又造了一个新字"矽（xī）"，这样大家一看就知道这个字读作 xī 了。再后来，又有学者提出化学中读作 xī 的字太多了，矽、锡、硒、烯等很容易发生混淆，因此"矽"字又被建议取消，改回"硅"，但规定按当年的"别字"念法把硅读成 guī。正是因为科学史上的这一段小插曲，今天我们才有了单晶硅、硅酸盐、硅橡胶、有机硅等名词。不过，"矽"也并未完全被抛弃，在我国台湾和香港地区还继续沿用"矽"字，所以，"矽酸盐""二氧化矽"等词偶有出现也就不是什么值得大惊小怪的事情了。

点"石"成"晶"

早在硅单质行走化学界时，硅家族的一位先祖就已经小有名气了，那便是二氧化硅。相比硅单质，二氧化硅就平易近人多了，和谁都能打成一片。大多时候，二氧化硅都藏身于沙砾中，过着平平淡淡的生活。不过，也会一时兴起，乔装打扮出门游历一番。有时二氧化硅摇身一变，化身玻璃器具去体验人间百味，有时又选择以紫水晶高调出场，穿梭于琼楼玉宇间，象征着皇室身份的尊贵。

与二氧化硅相比，硅单质却是一副沉默寡言的性子。难道是因为出身普通沙砾家庭，所以有

各种玻璃制品

些妄自菲薄？幸好硅单质是正儿八经地从
化学大家贝采利乌斯手中出师的，因此硅
单质初入化学界时还是赢得了很多关注。
化学家都很好奇"平民"硅是如何获得"大
偶像"的青睐的，于是纷纷摩拳擦掌，准
备一探个中究竟。奈何硅的性格实在过于
高冷，化学家们本想日常套交情，但谁能
料到硅竟然谁的"请帖"都不接，浑身散

紫水晶

发着生人勿近的气息，而且最让人失望的是明明看上去有些金属的底子，
导电性能竟然出奇的差，因此斗志昂扬的化学家们只能乘兴而来铩羽而归
了，而硅单质也就渐渐无人问津了！

　　直到最近 100 年，信息时代的快速发展才给硅单质提供了绝佳的舞台，
真正诠释了什么是点"石"成"晶"！无论你是不是电子设备的发烧友，
手机你总得有，而要想手机运行快，全靠芯片带。芯片，也就是集成电路，
是所有电子设备的核心。那芯片是如何工作的呢？半导体芯片依靠无数简
单的"逻辑门"来实现复杂的运算，当电信号经过逻辑门时，就会按照逻
辑门的要求输出处理之后的电信号。为了简化设备的结构，芯片中的电信
号只有两种，我们用二进制数字 0 和 1 来代表这两种信号。逻辑门有"或
门""与门"和"非门"三种。"或门"有多个输入端，一个输出端，只
要输入信号中有一个为 1，输出就为 1；只有当所有的输入全为 0 时，输
出才为 0。而"与门"则恰恰相反，只有当所有的输入信号同时为 1 时，
输出才为 1，否则输出为 0。"非门"只有一个输入和一个输出端，能够
输出相反的信号（0 变 1，1 变成 0）。

　　听上去，电信号经过逻辑门比过蜀道简单多了，毕竟蜀道难，难于上
青天！但是实际操作的时候，这通行证的制作似乎不太容易。没错，大多
数金属的确具有优良的导电性，但却是一根筋，电信号如何输入，它们就

将其一成不变地输出。如此一来，很多逻辑门复杂的要求并不能得到满足。幸而随着化学的发展，科学家们发现有一类材料的导电能力在常温下介于金属导体与绝缘体之间，并且还可以人为进行调控，自然，这样的材料就被称为半导体。最初的时候，锗是半导体材料的最佳选择，科学家们使用锗设计出了很多晶体管。不同晶体管的合作，使得电信号在逻辑门的往返之间畅通无阻，一时之间，电子设备使命必达的服务态度俘获了大量好评，风头无二。然而好景不长，虽然锗作为晶体管的原材料已经比纯粹的电子管好太多，但是谁知时间一长，锗制晶体管保质期却不是很长，非常容易坏，而且温度稍高就"闹脾气"。要知道锗在自然界的含量并不是那么丰富，物以稀为贵，锗半导体的价格自然也走的不是平民化路线。价不廉，物不美，许多厂商对锗半导体材料也就望而却步了。

好在"山重水复疑无路，柳暗花明又一村"。1949 年，美国科学家皮尔森和巴丁提出硅具有半导体的性能。这消息一经宣布，各大电子厂商击缶而歌，心里乐开了花：锗的确是千金难寻，但硅却是唾手可得呀！随处可见的沙砾和岩石就是巨大的硅仓库，原料成本几乎为零。半导体硅单质生产的第一步就是将砂石（主要成分为二氧化硅）在高温电炉中与高纯度的碳反应，从而得到纯度大于 99% 的单质硅。但若想要应用在芯片中，这样的品质是远远不够的，故

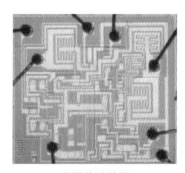

半导体硅芯片

音频器中的水牛图像芯片

还需要进一步提纯。通常做法是将硅转化为四氯化硅液体，用氢气还原得到高纯度的多晶硅，接着再把多晶硅生长成较大的单晶硅，然后使用光刻机把设计好的复杂电路刻蚀到单晶硅上，进一步加工，最后的成品就是电

子设备的核心部件——芯片。

很快，硅就成了半导体材料的"蓝筹股"，开始撰写起了自己点"石"成"晶"的传说。与此同时，硅在半导体行业的风生水起连带着二氧化硅家族在工业界的地位也更上一层楼。1966 年，美籍华裔物理学家高锟提出可以用晶莹剔透的玻璃作为载体，使

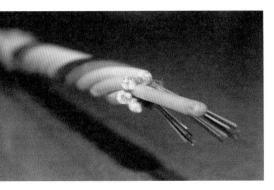

光导纤维

用光来传递信号，这便是光导纤维的初衷。但玻璃中含有的杂质会吸收大量的光，进而造成信号大部分丢失，因此如何提纯玻璃成了光导纤维技术发展的拦路虎。1970 年，美国康宁公司制造出了符合理论的低损耗光纤，翻开了光通讯时代的新篇章。此后，提纯技术越来越高，光纤的损耗率随之越来越低，到今天，光纤通信已经成了居家出行必备利器了。

欣欣向荣

俗话说："龙生九子不成龙，各有所好。"硅家族也不例外。除了多才多艺的二氧化硅和半导体行业中作为流砥柱的单质硅，精明能干的有机硅化合物也不容小觑。看过元素周期表的都知道，元素硅和碳是位于同一个方阵的列兵，既如此，它们的脾性自然也很类似。与生俱来的号召力，让碳元素很容易就集结氢、氧、氮、硫等元素，成立了队伍庞大的有机化合物。毫不意外，硅也组建了自己的小圈子——有机硅化合物。据记载，有机硅化合物的第一位成员可追溯到 1863 年。那一年，法国化学家弗里德尔和克拉夫茨将二乙基锌和四氯化硅在密闭容器中混合加热后得到了四乙基硅烷（化学反应可以表示为 $2ZnEt_2+SiCl_4 \xrightarrow{\triangle} SiEt_4+2ZnCl_2$）。

甲烷　　　　　　四乙基硅烷

甲烷和四乙基硅烷的结构式

其实，四乙基硅烷的结构非常简单，中心"C 位"当然是硅原子，周围的"安保"交由四个乙基负责，这是一种由 2 个碳原子和 5 个氢原子构成的简单的有机基团（–CH_2CH_3，其缩写为 Et）。与天然气的主要成分甲烷相比，四乙基硅烷可以看作是硅取代了位于中心位的碳原子，同时还用四个乙基替换了氢原子。

第一个有机硅化合物问世后，一些简单的有机硅化合物也犹如雨后春笋般涌现，比如有机硅树脂、有机硅橡胶、有机硅油等。由于兼具了无机材料和有机材料的性能，它们的专业素质都是非常过硬的，比如表面张力低、黏温系数小、耐高温和低温。更重要的是，它们大多无毒无味，故而由其制成的产品很快就成了业界翘楚，在电子电器、汽车、轻工、化妆品、医疗、食品等很多行业获得了广泛的应用。

硅油的结构式

硅油，一种硅原子与氧原子交替连接形成的长链化合物，无色无味无毒，是一种不易挥发的液体。硅油不仅喜欢自己肆意流动凹造型，也特别喜欢被化学家们改装换面。也正是如此，我们可以改变与中心硅相连的 –R 基团，进而得到不同性能和用途的硅油。工业上，我们常用甲基硅油处理绝缘器件的表面提高其绝缘性；而在制备橡胶和塑料制品的模具上涂抹硅油，可以使产品易于脱模并且表面光滑。医疗上，药膏中加入硅油可以提高药物对皮肤的渗透能力，同时对于烫伤、皮炎、褥疮等症状都有一定的疗效。

如果足够细心的话，你还会发现在各种衣物洗涤剂或者洗发水的配料表中常常出现聚二甲基硅氧烷，这并不是什么奢侈

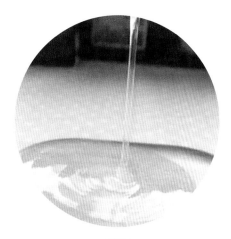

硅油

品，就是硅油而已。适量地加入硅油，可以提高头发的柔顺度，因为有些硅油能选择性地覆盖在头发最外层毛鳞片的受损部位，进而减少因干燥引起的打结。有些商家用"无硅油"作为噱头推广洗发水，他们声称硅油会导致毛孔堵塞甚至脱发。但其实早在 2001 年，美国化妆品原料评估机构就发布报告，确认有机硅在化妆品中的应用是安全的。硅油不但不会危害头发和皮肤，反而具有抗菌和抗氧化的作用，清洗起来也非常容易，并且和天然的油脂相比，硅油导致过敏的可能性更低。

未来可期

硅的揭秘到这就要暂时结束了，回望"硅"途，我们发现硅家族的成员们一直都跟随着文明历史的脚步，陪着我们一路向前。无论是璀璨夺目的水晶，还是清明透亮的玻璃，抑或是籍籍无名的沙砾，二氧化硅始终丰盈着我们的生活；从出身平凡到卓尔不群，硅单质秉承着"我自盛开，清风徐来"的秉性，悄无声息间引领着我们跨越了时代；从无到有，有机硅化合物在积少成多的堆聚中创造了无限可能。眺望远方，科学技术的发展使得单质硅在信息化的未来必将稳如泰山，而有机硅化合物与其他材料的强强联合也必将走向双赢，最终在材料领域占据着一席之地。

第 2 章

合成化学
——现代化学的基础和核心

从"无机"到"有机"的认知

世界由各种各样的物质组成，化学则是人类用以认识和改造物质世界的主要方法和手段之一。换句话说，每一位化学家都是"造物主"一般的存在，他们用自己的智慧和双手去创造出五花八门的新物质，最终可能影响甚至改变世界。

现代化学可以简单地分为五大分支：有机化学、无机化学、物理化学、分析化学与高分子化学。有机化学又称为碳化合物的化学，是研究有机化合物的组成、结构、性质、制备方法与应用的科学，是化学中极重要的一个分支。

化学在刚刚开始的时候并没有所谓的有机和无机这些划分，直到17世纪的中叶，才有人按物质的来源将化学分为三大类，即矿物化学、动物化学和植物化学。后来科学家发现从动植物组织中所提取的物质大都类似或相同，多由碳、氢、氧三种元素组成，而且它们性质活泼，加热即分解，容易燃烧；而从矿物中提取出的物质基本上都是相对稳定且无法燃烧的。同时人们又观察到动植物都是有生命现象的，因此把动物化学和植物化学合并称为有机化学，而将矿物化学称为无机化学。

1806年，当时的权威化学家贝采利乌斯首先引用有机化学这个名称，他给有机化学下了一个定义，认为有机化学是"植物物质及动物物质的化学或是在'生命力'影响下所制成的物质的化学"。从那时候起，有机化学成为一门独立的科学。然而这种"生命力"的观念，长期地阻碍了有机化学的发展，使人们认为用人力合成有机物是不可能的，促使很多化学家放弃了人为的力量去合成任何有机物的念头，直到一位化学家的出现。

有机合成的诞生——"无"中生"有"

1800 年，弗里德里希·维勒出生于德国法兰克福一个美丽的村庄。维勒的父亲是当地小有名气的医生，父亲希望维勒长大后可以继承自己的衣钵，也成为一名远近闻名的医生。因此，父亲从小就有意识地教一些医学知识给他，希望维勒对医学产生兴趣。可惜，有心栽花花不开，无心插柳柳成荫。

有一次，父亲要出门诊病，就让维勒自己在家看书，说晚上回家抽查。小维勒耷拉着脸，虽然内心极不情愿，但还是谨遵父命，认真地背医学书。完成任务后，父亲却还没有回家，于是，维勒就打算找一本课外书来看。寻寻觅觅，竟然让维勒找到了一本已经旧得掉了皮的《实验化学》。翻看书中的小实验，维勒对化学瞬间就着了迷。此后，维勒经常趁着父亲不在家时，拿一些医用工具，在自己的房间倒腾一些小实验。

"硫黄燃烧时会发出蓝紫色的火焰。"维勒对这句话十分纳闷。硫黄明明是黄色的，怎么会发出蓝紫色的火焰呢？这种蓝紫色的火焰是什么样子呢？到底是蓝色的火焰多一点还是紫色的火焰多一点？好奇的维勒拿出自己的零花钱，悄悄地到街上买了几小块硫黄，回家后，立即点燃了一块硫黄。"哇——！"燃烧的那一瞬间，维勒看到了他梦寐以求的蓝紫色火焰，但是小维勒并不知道硫黄在燃烧时会产生一种令人窒息的刺激性气体，所以维勒的"秘密"立马就原形毕露了。父亲严厉地批评了维勒并没收了他的化学书，说："你应该把更多的精力放在医学上，而不是这些没用的事情上。"

这本化学书可是维勒当时全部的财富啊！维勒满怀失落，气鼓鼓地坐在椅子上，感觉天都要塌了。突然，他想到了河对面的布赫医生。布赫医生是父亲的好朋友，曾经说过他家里有丰富的藏书。维勒飞快地向布赫医生家里跑去，果然在他那里找到了更多有意思的化学实验方面的书籍。这可真是"塞翁失马,焉知非福"!从此,维勒的化学实验从"地上"转向了"地下"。迫于父亲的压力,高中毕业后,维勒还是选择了马尔堡医科大学,但他依然没有放弃对化学的热爱,一上完课,就立马回宿舍里研究化学实验,很快,他的宿舍也变成了他的私人化学实验室。

硫氰酸汞受热分解实验
(产生的形状十分怪异,该实验又被称为"法老之蛇")

一年后,化学大家贝采利乌斯发表论文称,自己找到了制备硫氰酸汞的方法。年轻的维勒也是一个追星族,所以他就想重复一下贝采利乌斯的实验,这样也算是收获"同款"了。于是,维勒把硫氰酸铵的溶液与硝酸汞溶液混合,非常顺利地得到了硫氰酸汞的沉淀。他过滤出白色沉淀物后,让其慢慢干燥,然后就准备去睡觉了。但是追星成功的维勒根本睡不着,干脆披衣起床,点燃蜡烛,继续实验。为了使沉淀干燥得快一些,维勒把一部分硫氰酸汞放在瓦片上,让它靠近熊熊燃烧的壁炉。不一会儿,"噼里啪啦"的声响吸引了维勒,更让维勒感到惊奇的是,白色粉末逐渐变黄,而且体积竟然也开始慢慢膨胀,变得越来越大,似乎要在瓦片上"游动"起来了。好长时间之后,粉末终于"冷静"了,只剩下一块不流动的黄色物质,但是维勒却难掩激动的心情。毫无意外,这一夜维勒彻夜失眠了!天亮后,维勒立马把这个现象记录了下来。又经过反复试验,他发表了关于硫氰酸汞加热分解的论文,文章虽不长,但却引起了偶像贝采利乌斯的青睐和赞扬。

$$NH_4SCN+Hg（NO_3）_2 \rightarrow Hg（SCN）_2 \downarrow +NH_4NO_3$$

$$Hg（SCN）_2 \xrightarrow{\triangle} HgS+CS_2+（CN）_2 \uparrow +N_2 \uparrow$$

硫氰酸汞的制备及其分解

　　偶像的肯定让维勒更加坚定自己应该放弃医学，专心从事化学研究。因此维勒决定到海德堡去深造，而这一决定翻开了他人生旅途中崭新的一页。1824 年，维勒开始研究氰酸铵的合成，他发现在氰酸中加入氨水后，蒸干混合溶液很容易得到白色晶体，但是得到的白色晶体却散发着刺鼻的气味，维勒知道这肯定不是他要的氰酸铵。但维勒还是仔细地进行了实验的验证，发现这种白色晶体与碱性溶液反应时，并不能得到氨气，而与酸性溶液反应时，竟然也得不到氰酸。

　　那这些白色的小颗粒到底是什么呢？维勒绞尽脑汁也猜不出。学期结束回到家中，维勒记忆的闸门瞬间被打开了，这种白色物质和小时候与父亲一同行医时从病人小便中分离的尿素简直一模一样。"那么，这些白色物质会是尿素吗？"维勒在心里询问着自己。可是，尿素是新陈代谢产生的，是有"生命力"的，氰酸和氨水却是两个无机物，怎么能用两个没有"生命力"的物质人工合成有生命力的东西呢？不，这绝不可能！这完全推翻了自己偶像贝采利乌斯的学说啊！

　　可是，人非圣贤，孰能无过？而且，白色晶体看上去确实和尿素相差无几！维勒陷入了困惑中。为了验证这些白色物质到底是不是尿素，维勒花了四年的时间，反复进行了实验，最终惊喜地发现实验所得的白色晶体和自然提取所得的尿素确实是完全一样的。

　　"这就是尿素，尿素确实可以人工合成！"维勒确信他做出了前人未能做到的事情，于是维

尿素

勒将自己的发现和实验过程写成题为《论尿素的人工制成》的论文，发表在 1828 年《物理学和化学年鉴》第 12 卷上，并且采用了贝采利乌斯早期提出的"同分异构"理论，解释了尿素和氰酸铵的关系，即它们虽具有相同的分子式，但是结构却完全不一样。

$$HCNO+NH_3 \cdot H_2O \rightarrow CO(NH_2)_2 \quad 尿素$$
氰酸　　氨水
$$NH_4CNO \quad 氰酸铵$$
同分异构体

同分异构体：尿素和氰酸铵

人工合成尿素打破了有机物只能由有"生命力"的动植物合成的观点，实现了从"无"到"有"，开创了"合成"有机物的新时代。

有机合成的发展——"有机"可成

自从尿素跨越无机和有机的鸿沟之后，科学家们逐渐搭建起了它们的桥梁。19 世纪 40 年代，德国化学家阿道夫·威廉·赫尔曼·科尔贝以无机物二硫化碳出发，合成了醋酸；19 世纪 90 年代，德国化学家费歇尔不仅确定了葡萄糖的结构，还成功地合成了葡萄糖不同的异构体，因此，他被称为"糖化学"之父，并且获得了 1902 年诺贝尔化学奖；20 世纪初，德国化学家奥托·瓦拉赫从植物中分离提取出纯度很高的香精油，在确定其

伍德沃德

结构后，通过化学合成的方法，合成了世界上第一种人工香料，因此获得了 1910 年诺贝尔化学奖。

到此时，有机合成进入了百花齐放的时代。而 1917 年，一个将有机合成推向巅峰的化学家横空出世。这一年，美国波士顿的土地上迎接了一个叫伍德沃德的小男孩。伍德沃德，从小就醉心于化学，并且天资聪颖，素有"神童"之称。16 岁就考入麻省理工学院，但伍德沃德偏科十分严重。大一学年的期末考试，除了化学满分，其他科目全部不及格，成绩如此糟糕，简直是麻省理工建校以来最差劲的学生了，于是，伍德沃德收到了麻省理工勒令退学的通知单，只好卷铺盖走人。伍德沃德这一走，化学院的教授不淡定了。伍德沃德可是百年难遇的化学天才，怎么能被退学呢？于是，教授们联名上书，请求重新招收伍德沃德。18 岁，伍德沃德又重新成了麻省理工的新生。这一次，化学院的教授们为了悲剧不再重演，专门给伍德沃德开了小灶，不负众望，伍德沃德一年便拿到了本科学位，然后又只用一年就获得了博士学位，此后一直在哈佛大学任教。

"二战"时期，战场上硝烟弥漫，战场后方疾病肆虐，疟疾像一头恶魔吞噬了无数人的生命。奎宁是当时唯一能治疗疟疾的药物，然而奎宁主要是从金鸡纳树皮中提取，获得的量非常有限，完全不能满足当时的需求。危急存亡之秋，伍德沃德挺身而出，扛起了抗疟的大旗。1943 年，26 岁的伍德沃德在实验室首次拿到了人工合成的奎宁。奎宁的人工合成宣告了疟疾的终结，同时更预示了他的合成人生路的开端。随后，伍德沃德以极其精巧的技术，合成了胆甾醇、可的松、皮质酮、利血平、叶绿素等多种复杂有机化合物，开创了有机合成的新纪元——伍德沃德时代。1965 年，伍德沃德获得了诺贝尔化学奖。

维生素 B_{12}，是人体必需的微量元素。如果缺乏维生素 B_{12}，将造成严重贫血，大脑神经也会遭

维生素 B_{12} 结构式

到破坏，而微生物合成是天然维生素B_{12}的唯一来源。但是通过微生物提取，工艺复杂，产量极低，因而价格极其昂贵，但即使这样，依然供不应求。和20年前一样，伍德沃德像保护神一样，再次站了出来。为了完成维生素B_{12}的合成，伍德沃德与瑞士有机化学家艾申莫瑟合作，率领100多位科学家经过整整12年的努力，终于在1973年完成了维生素B_{12}的全合成。

1979年，伍德沃德因病与世长辞。可以说，伍德沃德的一生都在致力于把有机合成变成一门人人都可鉴赏的艺术，只要给他一个合理的结构，他就能把它合成出来，他的时代就是一个"有机"即可"成"的时代。

科研人员通过小白鼠检测人工合成牛胰岛素的活性

国外的有机合成开展得如火如荼，我国自然也不甘示弱。1949年，中华人民共和国成立初期，工业基础十分薄弱，虽没有强大的国力支持，但科学家们依然迎难而上，不惧千难万险，誓要攻克有机合成这道难关！天道酬勤，经过不懈的努力，我国的有机化学家们在抗生素、染料和甾体药物等的合成方面做出了相当出色的工作。尤其是甾体的半合成工作取得了极大成功，为当时世界上正在发展的甾体抗炎药和甾体避孕药工业打下了坚实的基础。其中最有代表性的工作就是人工合成结晶牛胰岛素。

从1958年开始，中国科学院上海生物化学研究所、中国科学院上海有机化学研究所和北京大学化学系三个单位联

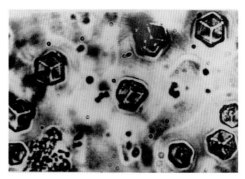
人工合成牛胰岛素的结晶

合，经过周密研究，他们确立了合成结晶牛胰岛素的路线。经过 2500 多个日日夜夜，终于在 1965 年 9 月 17 日成功地合成了具有生理活性的结晶牛胰岛素。

经过严格鉴定，实验合成的结晶牛胰岛素的结构、生物活力、物理性质、化学性质、结晶形状都和天然的牛胰岛素完全一样。这是世界上第一个人工合成的蛋白质，是人类历史上的一次壮举，被誉为"诺贝尔奖"级的工作，为人类认识生命、揭开生命奥秘迈出了可喜的一大步。

有机合成的未来——拾"机"而上

日本有机化学家野依良治曾提出："化学是一门中心学科，而有机合成又在化学学科中扮演着重要角色。"毫不夸张地说，有机合成与其他领域的交叉必将成为未来的发展趋势。比如，很多与生物分子发生作用的天然产物的结构都非常复杂，合成步骤非常烦琐，而且还只能获得少量的成品，对于药物开发而言是杯水车薪。因此，我们需要提出可靠的合成理念，找到更有效的合成方法，得到更高的产量。而这一切都需要有机合成为我们鞍前马后，让我们有足够的信心拾"机"而上，合成我们的美好未来！

小分子堆砌成高分子
——"尼龙"的故事

世界是物质的，化学小分子是物质的基本组成单元。比如，水是由水分子构成的，氧是由氧气分子构成的，而醋则是由醋酸分子构成的。那你听说过高分子吗？高分子并不是个头很高的分

单体和高分子的关系示意图

子，而是指一种由成千上万个被称为"单体"的小分子，经过化学键连接而成的巨型分子。高分子的用途十分广泛，比如橡胶、化纤（化学纤维）以及各种塑料等都是生活中常见的高分子材料。

橡胶车轮

涤纶（化纤的一种）

塑料桶

今天，随着高分子化学的迅速发展，在纺织工业中，各种各样新颖的高分子纤维材料的用量已经渐渐超过了从人类诞生起陪伴我们至今的天然纤维材料。一件件轻便结实、花样繁多的合成纤维衣物中，蕴含着数辈科学家的辛勤付出和毕生心血。而我们故事的主角，就是第一种人工合成纤维——尼龙。

"尼龙"其名

尼龙，又名锦纶，学名是聚酰胺纤维，名字听着陌生，但尼龙绳、尼龙袜都是我们日常生活的"熟客"。尼龙的分子结构看上去就像是一条长长的链条，链条上有着几万甚至几十万个链节，链节与链节之间是由一种叫"酰胺键"的锁扣紧紧相连的。这个"酰胺键"锁扣则是由"羧酸"和"胺"两种结构通过缩水反应批量生产的。

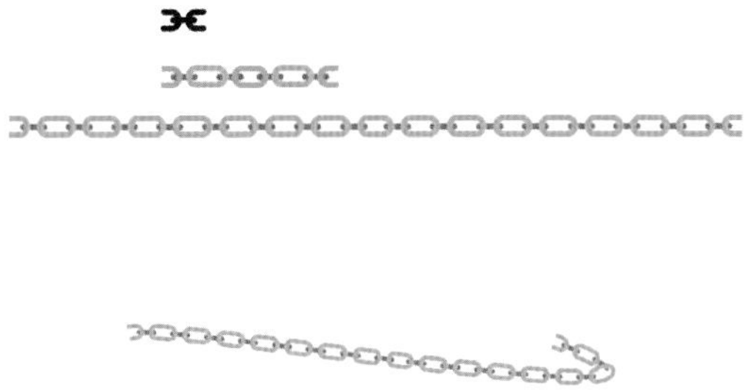

链节组成长链条

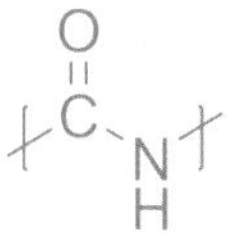

酰胺键

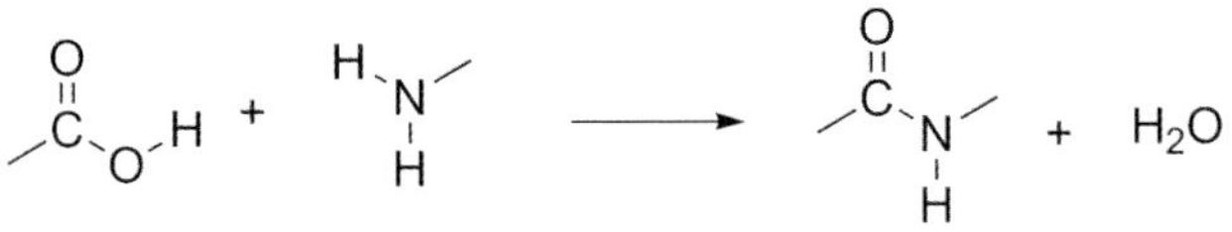

酰胺键的形成

值得注意的是，尼龙并不是一种物质，它其实代表的是很多结构相似却不相同的聚酰胺纤维。为了避免叫错，我们常常在尼龙一词后面加上数字来称呼它们，而且有几个数字就代表有几个酰胺键。比如"尼龙610"，就代表这种尼龙的每个链节中含有两个酰胺键，由一种含有 10 个碳原子的二羧酸和含有 6 个碳原子的二胺组成；如果"尼龙"后只有一个数字，如"尼龙6"，则表示这种尼龙的每个链节都只含一个酰胺键，链节中含有 6 个碳原子。目前，产量最大、应用最多的尼龙是"尼龙66"。

尼龙 6 链节结构

尼龙 66 链节结构

尼龙 610 链节结构

启明之星

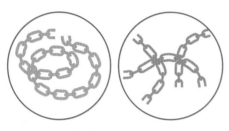

长链条与短链条

翻开化学历史的扉页，你会发现像天然橡胶、棉花、虫胶、乳胶等这些各不相同的天然高分子材料几乎和有机化学同龄。因此，有机化学研究刚刚步入正轨的时候，化学家们就已经开始了对天然高分子材料的结构进行研究。然而在那个年代，知识基础薄弱，仪器设备落后，绝大多数化学家都认为高分子材料一定是由短链条相互缠绕而成，绝非单纯依靠长链条形成的。就在化学家们在这条岔路上渐行渐远的时候，一位德国化学家披荆斩棘，凭一己之力将高分子材料化学拉回正轨，他就是高分子的启明星——赫尔曼·施陶丁格。经过艰苦的试验和与主流学说长达 15 年的论战，施陶丁格成功地让其他化学家相信，含有数十万节长链条的"高分子链"是存在

赫尔曼·施陶丁格

的。这项伟大的成就是引领人类正确认知高分子材料的第一步，更是高分子纤维合成工业的奠基石。1932 年，施陶丁格系统地整理了自己的理论，《高分子有机化合物》出版。21 年后的 1953 年，施陶丁格获得了诺贝尔化学奖。

曙光初现

卡罗瑟斯

　　然而，科研并非是一条康庄大道，总会不可避免地遇到岔路。这一次，施陶丁格也未能幸免。虽然找到了长链条的高分子，但是他和一部分化学家坚信，随着高分子链链长的增加，其末端基团的反应活性会急剧下降。也就是说，高分子链的合成好像是逐节编链条，链条编得越长，下一节链节就越难被连到已经编成的链条上。所以不太可能人工合成链节数目高达几十万甚至上百万的高分子链。正所谓初生牛犊不怕虎，一位叫华莱士·H.卡罗瑟斯的化学家向这个说法发起了挑战，他设计并完成了一系列"逐步聚合"实验，最终以实验结果推翻了施陶丁格一派的执念，成功地证明了在高分子链条编制的过程中，已经形成的链条的长度并不会影响下一节链节连接到链条上的难度。这个发现确认了人工合成长链高分子的可行性，无疑为致力于此的科学家们注入了一针强心剂，极大地推动了这一领域的发展，卡罗瑟斯开发的"逐步聚合"的实验方法也成了日后高分子研究的宝典。卡罗瑟斯因此被称为"尼龙之父"。

天才登场

　　1896 年，卡罗瑟斯出生在一个商学院教师家庭。受父亲的影响，他于 1915 年初入大学时选择了会计学专业。可经过了一年的大学生活后，他发

卡罗瑟斯在杜邦工作

现自己对自然科学更感兴趣，于是转到化学专业学习。大学毕业后，他先后在伊利诺伊大学获得了化学硕士和博士学位，并于1926年进入哈佛大学教授有机化学课程。同年，美国最大的化学工业公司——杜邦公司的一名董事、中心化学部主任查理斯·斯蒂恩，极富前瞻性地建议公司应该成立自己的基础科学研究部门。1927年，杜邦公司批准每年拨款25万美元作为科研部门的运营费用。斯蒂恩原本打算聘请声名显赫的科学家、卡罗瑟斯的博士生导师罗杰·亚当斯作为有机化学研究部门的负责人，但遭到了拒绝，于是他退而求其次去邀请当时名不见经传的卡罗瑟斯，希望卡罗瑟斯能加入杜邦。1928年，卡罗瑟斯惜别哈佛大学，成为杜邦公司"基础化学研究所有机化学实验站"的主管。

荆棘之路

初入杜邦，卡罗瑟斯领导的课题组接受公司的安排，主要从事合成橡胶的研究。可不久之后研究就进入了瓶颈期，迟迟没有进展。1930年，他和他的团队转向探索"聚酯"材料的制取。接下来的数年中，全神贯注的卡罗瑟斯课题组发明并完善了逐步聚合实验体系，提出了"缩聚理论"，纠正了施陶丁格学派的错误看法，制备了世界上第一种长链聚酯（分子量大于10000），团队成员希尔甚至还观察到了人类历史上第一根成型的聚酯纤维。当希尔从反应器中收集熔融的聚酯时，他发现

涤纶链节结构

这种全新的化合物竟然能抽出像棉花糖一样的细丝，并且这些细丝在冷却后还拥有惊人的韧性和弹性，简直就是新材料的潜力股。遗憾的是，卡罗瑟斯团队实验测试过的原料范围太小，因此他们制得的各种聚酯纤维都存在遇到热水就会变黏的缺点，不能用作纺织的原料。最终，不甘但无奈的卡罗瑟斯迫于现实，放弃了对聚酯的研究。虽然卡罗瑟斯对于聚酯的研究功亏一篑，但基于卡罗瑟斯的研究成果，英国化学家温菲尔德于 1940 年成功地合成了另一种著名的高分子纤维材料——涤纶。

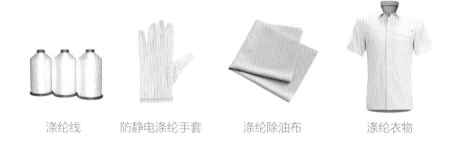

涤纶线　　　防静电涤纶手套　　　涤纶除油布　　　涤纶衣物

另辟蹊径

在对聚酯纤维的探索失败之后，卡罗瑟斯决定把注意力投到聚酰胺类化合物上。虽从理论上说聚酰胺应该比聚酯更稳定，但作为未知领域的开拓者，卡罗瑟斯还是遇到了数不清的困难。1934 年夏天，饱受失败折磨的卡罗瑟斯开始瞒着同事们，前往巴尔的摩的一家精神诊所接受精神医生的疏导和

己二酸的结构式

己二胺的结构式

帮助。即便如此，背负着巨大压力的卡罗瑟斯并没有被击垮，依然迎难而上。功夫不负有心人，一次次尝试之后，他终于驯服了"桀骜"的聚酰胺材料。1935 年 2 月 28 日，在卡罗瑟斯的指导下，杰拉德·贝尔切特以己二酸和己二胺为原料，合成出了一种黏稠的聚合物。他们发现将一根棍子插入这种聚合物的熔融液后，抽出棍子的同时可以轻松地将其拉成纤维。

这种聚合物就是第一种也是至今世界上产量和使用量最大的一种尼龙——尼龙66。

乘胜追击

卡罗瑟斯与尼龙

卡罗瑟斯在研究中发现，这种新型聚合物拉制出的纤维具有与天然丝绸相似的外观与光泽，但是性质远比丝绸稳定，能承受高达263℃高温的洗礼，而且还不易被腐蚀。此外，这类纤维的耐磨性和强度更是在当时所有纤维材料中独占鳌头。杜邦公司当即决定加大对该项目的资金支持，争取使这种纤维成为公司的"台柱子"。然而，一项从实验室里诞生的化学研究成果，想变成大规模工业生产的合格工艺，再到广受欢迎的商品，仍有很长的路要走。在当时，合成这种聚合物的两种原材料——己二酸和己二胺的价格非常昂贵，如果应用在大规模工业生产中，其成本将是无法承受的。为了开辟原料获取渠道，杜邦公司指派位于西弗吉尼亚州的一家下属化工厂全力探索己二酸和己二胺的大批量制备工艺。1936年，该厂使用新型催化技术，成功地使用廉价的化工产品苯酚生产出大量的己二酸，随后又开发出了以己二酸为原料制备己二胺的工艺。自此，尼龙工业化生产的第一只拦路虎被斩于马下。

苯酚制备己二酸和己二胺的流程

高歌猛进

解决了原料问题后，另一个难题又横亘在卡罗瑟斯团队与新型纤维的大规模生产之间。此前的纺织工艺用的都是天然纤维材料，没人知道如何把一团团人工合成的黏稠的聚酰胺熔融体制成粗细均匀、轻便耐用的丝线。世上无难事，只怕有心人！杜邦公司派出由资深科学家和工程师组建的强大阵容，从零开始，研发出了"熔体纺丝"新技术。这项技术的基本原理与面条机有些相似：将柔软而黏稠的聚酰胺热熔融体像面条机挤面条一样通过细而均匀的"喷丝头"挤出，挤出的细丝在空气中迅速冷却，经过牵拉定性后，就成了"蛛丝一样细，绢丝一样美，钢丝一样强"的人造纤维。

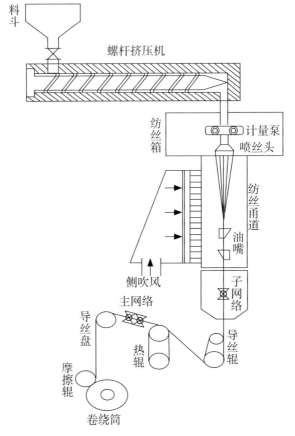

熔体纺丝工艺示意图

横空出世

1938 年 7 月，人造聚酰胺纤维的首次工业生产条件下的"中间性试验"宣告成功。同月，以这种聚酰胺纤维作为刷毛的牙刷开始进入市场。同年 10 月 27 日，杜邦公司正式宣布：世界上第一种人造纤维材料诞生了！为了便于宣传，公司为它取了一个简洁响亮的名字——尼龙。这个词日后也成了聚酰胺类纤维的通用名称。尼龙的出现，标志着纺织工业从此迈入了全新的发展时代。1939 年 10 月 24 日，杜邦公司首次在公司总部所在地发售的尼龙丝袜引起了轰动，一时间，这种轻柔、透明又耐磨的丝袜成了人们争相抢购的珍奇异物，转瞬间尼龙制品就风靡全美。

抢购尼龙丝袜

1941 年 12 月 7 日珍珠港事件后，美国对日宣战，正式加入第二次世界大战。强度高、耐腐蚀的尼龙制品引起了美国军方的兴趣，很快成了降落伞、军服等军用品的主要材料之一。随着盟军的节节胜利，各种尼龙军需产品与美军一起踏上了世界的各大洲。

第二次世界大战结束后，尼龙产业的发展速度更上一层楼。地毯、绳索、布料、衣物……民用市场对这种新型织物的需求，刺激着尼龙产量在"二战"结束后的十年之内，翻了整整 25 倍。20 世纪下半叶，尼龙毫无悬念地霸占了人造纤维产量排行榜的榜首，至今也仍是三大合成纤维（聚酰胺、聚酯、聚丙烯腈）之一。

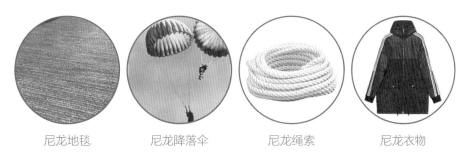

尼龙地毯　　　　尼龙降落伞　　　　尼龙绳索　　　　尼龙衣物

国产之路

我国对尼龙材料的研究是从尼龙 6 和尼龙 66 开始的。20 世纪 50 年代，超过 30 家单位进行尼龙 66 的实验室级和中间性试验级规模的生产研究，但最终，只有上海天源化工厂实现了尼龙 66 年产千吨级的工业化生产。与此同时，尼龙 6 在辽宁锦西化工厂也完成了试制，北京纤维厂一次性就抽丝成功。尼龙 6 主要用在国防工业上，这对于当时一穷二白的中国来说无异于雪中送炭。由于试制成功的功绩归于锦西化工厂，尼龙 6 在中国有了一个新名字——锦纶。1975 年，辽阳石油化纤公司从法国罗纳 – 普朗克公司引进了"无催化氧化法"，进一步降低了尼龙 66 的生产成本，扩大了生产规模，建成了年产大于 10 万吨的生产线。1997 年中国神马集团通过引进日本旭化成公司的生产工艺，建成了目前世界上流程最全的尼龙 66 生产厂。此外，我国还独创了尼龙 1010，这是一种性能优良的工程塑料，其原料为蓖麻油，成本极低，自润滑性、耐磨性、耐油性、耐低温性好，机械强度高，被广泛应用于机械、化工、电气行业。目前，中国的尼龙生产量和消费量迅速上升，为尼龙的进一步发展注入了充沛的动力。

尼龙 1010 链节结构

尼龙 1010

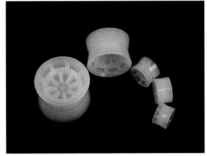

尼龙 1010 轴承

尼龙 1010 滤片

尼龙 1010 制品

蓦然回首

尼龙的诞生与发展,记录了现代化工产品研发的全过程。第一种尼龙——尼龙 66 的两种原材料之间的化学反应,其实早在 1899 年就被化学家们所熟知,可在施陶丁格的长链高分子理论提出之前,从未有人将这个简单的化学反应与结实耐用的人造纤维联系起来。"尼龙之父"卡罗瑟斯是最早精通科学研究但对工业生产一无所知的"纯科学家",而他自己早期研究聚酯时采用的方法,看上去也与工业生产毫无关系。可正是这些看似无用的"纯科学家"的研究,为尼龙的问世打下了最坚实的理论基础。尼龙的成功让我们深刻地意识到,技术进步是产品革新的前提,继杜邦公司之后,越来越多的企业开始主导或资助基础科学研究项目,这也成了当今科研事业的主要资金来源之一。

俗话说:"纸上得来终觉浅,绝知此事要躬行。"成熟的理论只是新产品开发的第一步。卡罗瑟斯等人承受着巨大压力,花了数年时间,遭受了无数的失败,方才在实验室中小规模地生产出了成型的尼龙 66,而规模庞大、成本高昂、对安全系数和产品质量稳定性要求苛刻的工业级生产环境,显然与小而精的实验室环境不可同日而语。实验室中的成果需要经过数次放大生产和技术的验证,方能投入工业应用,这个过程同样需要化工专家和工程师们倾注大量的心血。可以说,每一件微不足道的小化工产品背后，都隐藏着一段波澜壮阔的故事。

今天的化学和化工学科的进步，可能是一百年前的化学家们无法想象的。但化学反应对当今的科学家来说，仍是一个错综复杂的体系，我们对化学反应的理解仍然不够深入，不能完全解释反应中可能出现的种种问题。因此，筛选性实验依然是化学科研和化工产品开发过程中的必经之路：不够完善的理论指明大致的方向，大量的实验锁定问题的最优解。理论知识的不完美从来就不能抹灭人类的探索精神和好奇心，而这些实验无论是成是败，都会留下珍贵的数据财富，成为后人完善理论、发展科学的参考和凭依。少数人取得惊世成果的背后，是无数无名之士默默无闻的奉献！而这，正是化学，或者说整个科学发展之路的缩影。也许，我们连他们的姓名都无从知晓，但是他们的功绩注定永世长存。时间，为他们谱写了一首悲壮而浪漫的史诗！

华裳　　　　　炫彩　　　　　静美

改变人类命运的重要反应——合成氨

"滴——，您有一条来自'空气之家'的新消息！"

氧二哥："11：30 我们开个家庭讨论会！"

一连串的"嘀嘀嘀"，列队式的"收到"，氦小妹也机械式地回复了"收到"，可是内心却非常困惑：家庭讨论会？这么正式的通知会讨论些什么呢？

时钟滴滴答答，很快就到了家庭讨论会的时间。

"知道我们为什么要开这个会吧？"氧二哥率先开场。

氦望望氩，氖看看氙，氡妹瞧瞧二氧化碳，小小的眼睛透露着大大的疑惑。大家都屏着呼吸，气氛安静而诡秘，不约而同地看向了氧二哥。

"唉，你们还真的是潇洒自在，都没发现氮大哥最近闷闷不乐吗？我们得想办法让大哥开心起来啊，大家有什么计划吗？"

"二哥，——说的是这个啊，氮大哥不开心，那——还——不是——因为二哥您嘛。"二氧化碳支支吾吾地说。

"是啊，二哥您一出生就是宠儿，既能支持燃烧，又能维持生命，简直自带光环，而大哥就……更重要的是氮大哥 1772 年刚出生就被称作'浊气'，两年后拉瓦锡还因为他不能维持生命，亲赐'氮气'这个名字，所以暗地里大家都叫他'行走的死神'。"氦妹直言不讳道。

"其实，氮大哥就是觉得自己一无是处，如果我们能帮他找到人生价值的话，我想大哥应该就能眉开眼笑啦。"氙小弟提出了建议。

"对，没错，所以我们来一场让氮'起死回生'的救援行动！"氧二哥高兴地拍板了。

于是空气之家的成员们纷纷摩拳擦掌，誓要帮氮大哥找到闪光点，让氮大哥"起死回生",为氮正名!然而这一场正名之战的胜利在迟到了100多年后,终于迎来了它的胜利!

粮源?氮源!

随着人口的急剧增加,粮食逐渐供不应求,因此提高粮食的产量迫在眉睫。"庄稼一枝花,全靠肥当家",这是庄稼人常挂嘴边的一句话。他们说这是老祖宗传下来的金口玉言,什么原因不知道,但是照着做就一定能有个好收成。其实,那是因为粪便中的"肥"就是氮肥,这是一种非常重要的肥料,可以为庄稼提供生长必需的元素。如果土壤里的氮肥不够丰富的话,庄稼长得就会像"豆芽菜"一样!"雷雨发庄稼",也是由于雷电可以把空气中的氮气转化为含有氮元素的盐,最终成为可以被庄稼吸收的氮肥。

除了这些,自然界中的硝石也可以作为氮肥的原料,让庄稼茁壮成长。然而,这些"原生态"的措施面对飞速增长的人口重压毫无缓解之力。毫不夸张地说,要想庄稼好,氮肥不能少!所以寻找氮肥的新来源,发展一种高效的固氮技术迫在

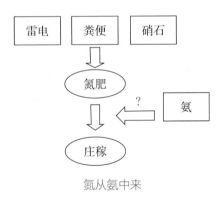

氮从氨中来

眉睫。找到了症结,并不意味着立马就能药到病除了!如何才能找到新的氮源呢?这个问题可是难倒了一大片科学家,直到氨气的问世,氮肥的来源问题才得以解决。

在前面揭开氧气面纱的时候,我们认识了普利斯特列,知道他一直在苦苦探寻"燃素"的真容。其实在这之前,他发现了另一种气体,只是当时不知道是什么而已。1754年的某一天,普利斯特列将硇砂(主要成分为氯化铵)与石灰(氧化钙)放在一起加热,闻到了一种刺激性气味,但是

却没有找到是什么物质散发出来的。随后他在密闭的容器中重复了这个实验，他发现生成的这种刺激性物质是一种在水中溶解度很好的气体，并且这种气体可以与酸性气体发生反应，因此他将称其为"碱空气"。1787 年，化学家贝托莱经过一系列研究后，指出普利斯特列发现的这种"碱空气"其实是一种由氮元素和氢元素组成的气体，并且称之为"氨气"。

贝托莱的理论提出后，许多科学家从中得到启发：既然氨气（NH_3）由氮元素和氢元素组成，而且空气中有大量"毫无用处"的氮气，那么直接用氮气和氢气来合成氨气，然后再将氨气转化为氮肥，这样一来，氮源找到了，氮肥的保障和粮食产量问题也随之迎刃而解了！然而，看似这么简单的合成思路，却使得许多科学家一筹莫展，折腾到最后，仍然无计可施。直到一位天才科学家——弗里茨·哈伯诞生。

降落人间的天使

1868 年，弗里茨·哈伯出生于德国西里西亚的布雷斯劳（现在为波兰的弗罗茨瓦夫）的一个犹太家庭中。他的父亲是一个商人，哈伯从小生活优渥。由于父亲从商，经常走南闯北，哈伯从父亲那学到的知识非常丰富，尤其每次父亲讲化学的时候，他总是听得格外入神。上中学的时候，哈伯总是化学课上最活跃的那一个，而且显露了惊人的天赋。1886 年 9 月，哈伯顺利进入德国柏林洪堡大学，开始系统地学习化学知识，他的导师正是著名的化学家霍夫曼教授。在大

弗里茨·哈伯

奥格斯特·威廉·冯·霍夫曼

学毕业的时候，哈伯撰写的一篇关于有机化学中硝基苯还原研究的论文，一经发表便在学术界引起轩然大波，并因此在本科毕业时就被破格授予博士学位。值得一提的是，大学期间哈伯就辗转于各工厂实习。实习期间的经历，让他决定化科技为力量，坚定地走化工之路。1894 年，哈伯开始任职于卡尔斯鲁厄技术大学。1898 年，哈伯出版了他的第一部论述《工业电化学的理论基础》，两年后，他成了化学和电化学的双院教授。

化氮气为"面包"

在这场"变废为宝"的持久战中，许多科学家都铩羽而归。1905 年，哈伯也开始研究工业合成氨的方法。他发现氮气的性质并不活泼，常温常压时，氮气根本不与氢气发生反应。但是如果把温度降低到 300℃以下，氮气和氢气混合后可以得到千分之几的氨气，显然靠这种方法得到的氨气用作生产氮肥无异于杯水车薪。于是，哈伯想到既然降温不可行，那就试试升温吧。当温度超过 600℃时，氮气和氢气混合确实可以得到大

勒夏特列

量的氨气，但是生成的氨气分子又会立即分解成氮气和氢气，从而导致得到的氨气并不是很多。所以升温降温都不可取，还能怎么办呢？哈伯也陷入了困境。

科学研究，其实就是一个站在巨人的肩膀上眺望的过程。1888 年，勒夏特列提出：如果改变可逆反应的条件（如浓度、压强、温度等），化学平衡就会被破坏，并向减弱这种改变的方向移动。基于勒夏特列的学说，哈伯认真地分析了合成氨的反应。简单来说，从反应方程式 $3H_2(g) + N_2(g) \xrightarrow[\text{催化剂}]{\text{高温高压}} 2NH_3(g)$ 可以看出，反应物这边两种气体系数和是 4（氢气为 3，

氮气为 1），产物的气体系数和是 2，那么如果增加压强，该反应会向气体系数之和变小的方向移动，毕竟提高压力会使得气体分子感到"拥挤"，它们肯定会更愿意向"不拥挤"的方向发生反应，即向生成氨气的方向移动。哈伯灵机一动，对了，就是压力！于是哈伯对该反应的压力进行了不同程度的提高，最终在 600℃，200Mpa 的反应条件下，将氢气和氮气混合，大大提高了合成氨反应的产率。

那么为什么高压对反应有利呢？氮气和氢气的反应可以看作是一个可逆反应。在同一条件下，既能向正反应方向进行，同时又能向逆反应的方向进行的反应，叫作可逆反应。可逆反应的特点是：反应不能完全进行到底，无论反应多长时间，反应物都不可能百分之百地转化为产物；可逆反应在同一条件下能相互转化，即在相同条件下，反应既能向生成产物的方向进行，又能使产物重新变回反应物。

高温高压合成氨的反应为合成氨的工业生产提供了可行性。除此之外，哈伯还注意到鉴于合成氨是一个可逆反应，在反应结束后会有大量的反应物剩余，为了避免浪费，他又提出"封闭流程和循环操作的工艺技术"，把没反应的氢气和氮气重新注入反应器，再次进行催化反应，生成的氨气可以通过其他方式分离出来。在当时，这属于非常具有前瞻性的想法，因此可以说，哈伯为合成氨的反应提供了非常重要的思路，为合成氨工业奠定了基础。

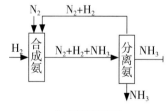

合成氨流程图

在随后的研究中哈伯发现，高效的催化剂在合成氨的反应中也是十分重要的。因此在经过数千次的尝试之后，他们终于找到了一种与磁铁矿组成类似的催化剂，我们现在称之为"铁触媒"。1913 年，随着世界上第一套合成氨装置的诞生，氮肥工业随之开始兴盛，粮食的产量大幅度提高，人类的温饱问题得以缓解。哈伯因为发明"从单质合成氨的研究"，在

位于德国卡尔斯鲁厄理工学院的
哈氏合金高压反应釜

1918年被授予诺贝尔化学奖。

回望这段让氮气起死回生的史诗，哈伯功不可没。化氮气为"面包"，是他给世界带来丰收和喜悦！诚然，合成氨工艺的发展离不开哈伯卓绝的贡献，他不仅在理论上提出了许多具有突破性的见解，还在工业合成及相关设备的设计等方面提供了先进的概念。更重要的是，哈伯让世人摒弃了对"氮"的成见，让氨走到世人的眼前。

惠农

第 3 章

创造新物质的生力军

化学总动员系列科普动画

美食中的化学世界

诗人云："长江绕郭知鱼美，好竹连山觉笋香。"

俗话说："民以食为天。"

无论是我们在加班间隙匆忙吞下的垃圾食品，还是庆祝纪念日时品尝的美味大餐，饮食的目的是提供维持我们身体基本功能的能量，不知不觉中，我们吃出了一座食物金字塔。

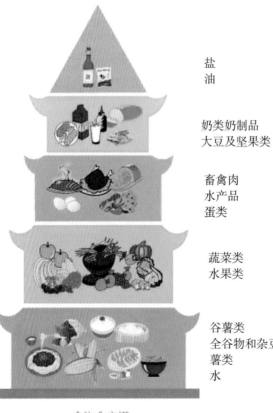

盐
油

奶类奶制品
大豆及坚果类

畜禽肉
水产品
蛋类

蔬菜类
水果类

谷薯类
全谷物和杂豆
薯类
水

食物金字塔

百味

基础班——食物金字塔大揭秘

仔细瞧瞧，食物金字塔是一座五层高的小建筑！建筑虽小，内里却囊括了七大家族的众多子民。七大家族中有负责能量供给的糖类（碳水化合物）、油脂和蛋白质，协调生理机能的维生素和无机盐，新兴家族膳食纤维，还有享誉"生命之源"的水。

每一个人都是水做的。水占我们体重的50%～70%，一般来说，成年男性体内的含水量大于女性。同时，随着年纪的增加，我们身体内的含水量会慢慢减少。毫不夸张地说，我们身体的每一个细胞都活跃在丰盈的溶液中，所以，毋庸置疑，水是我们生命的源泉。

身体是革命的本钱，我们每天之所以生龙活虎，全仰仗大功臣——糖类。糖主要分为单糖、双糖和多糖，像耳熟能详的葡萄糖和果糖就是单糖。有意思的是，葡萄糖和果糖在化学界的通行证都是 $C_6H_{12}O_6$（分子式），但他们的分子结构却是不一样的，这一点是由"糖化学之父"费歇尔提出来的。两个单糖通过 C-O-C "手拉手"互相连接就会形成双糖，比如蔗糖和麦芽糖。甘蔗中蔗糖的含量最高可以达到17%，而麦芽糖则主要存在于玉米或者小麦中。如果是很多个单糖彼此连接就构成了多糖，比如淀粉和纤维素。

α-葡萄糖
（单糖）

β-葡萄糖
（单糖）

β-果糖
（单糖）

一些糖的结构

α-葡萄糖　＋　β-果糖　→　蔗糖（双糖）

双糖的形成

无论是早餐的馒头、午间的米饭，或是晚餐的面条，明明一点糖都没加，却总是会越嚼越甜，那是因为这些主食中的主要成分都是淀粉。淀粉，像我们之前提到的尼龙一样，也属于高分子化合物，它是由很多个葡萄糖"手拉手"连接形成的。我们在咀嚼的时候，口腔中含有的唾液淀粉酶可以先将淀粉部分分解成分子量很小的麦芽糖，再进一步被其他酶分解成葡萄糖。一般来说，分子量越小，甜度越高，因此，我们就能够感觉到甜味了。除此之外，这些糖也经常出现在我们生活中：水果中主要存在的糖类是果糖；牛奶中主要存在的糖类是乳糖；蔬菜中主要存在的是纤维素。

咦？纤维素？它是一种糖？它不应该属于"新家族"膳食纤维吗？纤维素，广泛存在于植物中，是自然界分布最广、含量最多的一种多糖。不过人体内并没有能够与纤维素直接作用的酶，因此它并不能直接被人体分解和吸收，但是它却可以帮助我们促进肠道蠕动，清除肠道中的废物，享有"肠道清道夫"的美誉。正因为如此，1987年，世界卫生组织决定将纤维素从糖类中划出，单独命名为膳食纤维，于是，膳食纤维因此成了第七大营养素。

大千世界，万物总是相生相克。人类虽不可以直接利用和吸收纤维素，但是食草动物却可以，比如牛。牛的消化系统中含有一些微生物，这些微生物拥有纤维素酶，它们可以将草中的纤维素消化分解为葡萄糖，除了维持自身生命外，其余的葡萄糖一部分转化为肝糖原，一部分转化为脂肪、氨基酸等非糖类物质。目前在进行牛养殖时，大都以含有全部氨基酸的各种谷物喂养，最终这些氨基酸以牛排和汉堡的方式被我们摄入。

不同的氨基酸成群结队，就组成了蛋白质。其实，我们的身体通常并不储存蛋白质，所以必须每天摄入含有蛋白质的食物。其中，在组成我们身体的20种天然氨基酸中，有9种是必须直接摄入的，也称为必需氨基酸。它们分别是组氨酸、赖氨酸、苏氨酸、异亮氨酸、甲硫氨酸、色氨酸、亮氨酸、苯丙氨酸、缬氨酸。鱼类、肉类、禽类中富含所有的必需氨基酸，不过提到肉，很多人首先想到的就是脂肪，甚至谈"脂"色变，强迫自己成了素食主义者。不过没关系，我们可以从蔬菜和豆制品中摄取氨基酸，但是如果饮食不足够多样化的话，很可能就会缺失某种必需氨基酸，导致身体机理紊乱。当下很多健身人士都会习惯服用蛋白粉，那是因为大量运动之后，不但糖和脂肪被消耗，肌肉也被大量分解，造成蛋白质流失。适量服用蛋白粉可以达到减脂不减肌的目的。但是过犹不及，毕竟我们身体在供能的时候率先消耗的是糖类，其次是脂肪，最后才是蛋白质。

当我们通过糖、蛋白质或者脂肪摄入足够的能量后，你会发现还远远不够，要知道健康的饮食还必须摄入特定的维生素和矿物质。对于婴幼儿，常见的维生素补充剂是维生素 A 和 D，它们是鱼肝油的主要功效成分。维生素 A、D 都是极性很小的分子，是脂溶性维生素，溶于脂肪但不溶于水。还有一类是非脂溶性的维生素，比如维生素 C，由于含有多个亲水的羟基结构，可以与水分子形成氢键从而溶于水，因此有诸如维生素泡腾片可制成维 C 饮品。

维生素 A 的结构式　　　　　　维生素 C 的结构式

虽然矿物质在人体内的总量不到体重的 5%，既不能提供能量，也不能在体内自行合成，必须由外界环境供给，但是它们在人体组织的生理作用中发挥重要的功能。矿物质是构成机体组织的重要原料，如钙、磷、镁是构成骨骼、牙齿的主要原料。此外，矿物质也是维持机体酸碱平衡和正常渗透压的必要条件。人体内有些特殊的生理物质，如血液中的血红蛋白、甲状腺素等需要铁、碘的参与才能合成。

兴趣课——美食中隐藏的化学

★ 选修一：美食中的化学反应

无论是炖肉还是炒肉，我们都会放些料酒去腥提香，你知道是为什么吗？那是因为肉中富含大量的蛋白质，蛋白质是由氨基酸构成的，加入料酒后，氨基酸与料酒中的乙醇（C_2H_5OH）发生酯化反应生成氨基酸乙酯，这便是红烧肉香气来源。此外，还有一个反应也为我们食物的美味诱惑添了不少彩。1912 年法国化学家路易斯·卡米拉·美拉德发现甘氨酸与葡萄糖混合加热时形成了褐色的物质，这个反应被称为非酶促褐变反应，它还有一个别名——美拉德反应。简单来说，美拉德反应就是糖和蛋白质之间的反应，这类反应不仅影响食品的颜色，而且对提升香味也极其重要。比如咖啡的烘焙，就是让每一颗咖啡豆里的糖受热分解，焦糖化，然后随着温度的升高，糖和咖啡豆里的蛋白质发生美拉德反应，形成大量的香气分子，从而形成咖啡独特的风味和魅力。

★ 选修二：喝牛奶会腹胀？

乳糖不耐症是由于乳糖酶分泌少，不能完全消化分解母乳或牛乳中的乳糖所引起的非感染性腹泻。母乳和牛乳中的糖类主要是乳糖，小肠尤其是空肠黏膜表面绒毛的顶端乳糖酶的分泌量减少或活性不高的话，乳糖就不能被完全消化和分解，部分乳糖被结肠菌群酵解成乳酸、氢气、甲烷和二氧化碳。乳酸刺激肠壁，增加肠蠕动而出现腹泻。二氧化碳在肠道内产生胀气和增加肠蠕动，结果就是……呵呵，你懂的！

★ 选修三：巧克力的甜蜜与科学

说到巧克力，脑海中浮现的总是甜蜜与浪漫、爱恋与幸福，那你可知道巧克力为什么丝滑？为什么"只溶在口，不溶在手"？黑巧克力为什么是苦的？

不知道你是否曾经试图从电影《查理的巧克力工厂》或者《浓情巧克力》中寻找这些秘密，但是在化学上你肯定能找到答案。

巧克力的主要原料是可可脂，这一种是从可可豆中提取的天然油脂。可可脂主要由 98% 甘油三酯、1% 游离脂肪酸、0.3% 甘二酯、0.2% 单甘酯、150 ~ 250mg/kg 生育酚和 0.05% ~ 0.13% 磷脂组成。它的熔点约为 34 ~ 38℃，与人的体温接近，因此巧克力拿在手上是固体却能很快在口中融化。可可脂是巧克力的理＝想油脂，因为它是已知最稳定的食用油脂，含有能防止变质的天然抗氧化剂，令它能储存 2 ~ 5 年。显微镜下，你会发现可可脂晶体形态迥异，因此制作巧克力时如果只用一种结晶结构的可可脂，将会使它的质地非常细滑。一般白巧克力就是由 30% 的可可脂调和大量的糖或者奶粉形成的。黑巧克力则是用可可脂和可可粉混合后，再与糖调和形成的，而它的苦味也正是来源于可可粉。

不过，天然来源的可可脂价格相对昂贵，因此不少商家常用代可可脂。代可可脂是一类能迅速熔化的人造硬脂，其甘油三酯的组成与天然可可脂完全不同，在物理性能上却接近天然可可脂，但由于其熔点范围较宽，口内溶化相对较慢。而且结晶的时候，它的收缩性小脆性较差，因此代可可脂制作的巧克力有蜡状感。

★ 选修四：美味的停留

如何延长食物带给我们的欢愉？我们的祖辈们已经给我们指引了方向。古时人们为了延长食品的保存时间，常见的方式是酒渍、糖渍、盐渍等，腌制过程中的渗透作用使得水分离开微生物细胞，从而让微生物死于细胞破裂。这些方法虽然减缓了食物的腐烂，但是也对食物本身造成了不可逆的伤害，使得它们的味道发生了改变，因此人们慢慢放弃了这些腌制的手段。

现在我们经常利用低温冷冻或冷藏的方式延缓食物腐败，但使用得最为广泛的还是利用食品添加剂，比如防腐剂、抗氧化剂等等。一般的抗氧化剂是还原性物质，如抗坏血酸可用于抑制水果和蔬菜切割表面的酶促褐变，同时还能与氧气反应，除去食品包装中的氧气，防止食品氧化变质。亚硫酸和亚硫酸盐也是常用的抗氧化剂，通常用于干果类食品中。

然而，在一些人眼里，食品添加剂就是一些不法商贩用来"欺行霸市"的有毒有害的物质，是造成食品安全的"凶手"。实际上，食品添加剂是调味食品的灵魂，合法地使用食品添加剂并不会对人体造成危害。那些被披露的食品安全问题，大都是不法分子的违规操作。如，二氧化硫作为一种历史悠久的食品添加剂，在干果、腌制食品中应用广泛，经常作为食品漂白剂、防腐剂、抗氧化剂和防褐变剂。但如果二氧化硫超标，短时期内会导致眼、鼻、黏膜的刺激症状，严重时，还会产生喉头痉挛、水肿、支气管痉挛等，慢性地摄入还能导致嗅觉迟钝、鼻炎、支气管炎、哮喘等，同时，还可影响机体对钙的吸收。

除了这些，朦胧梦幻的"液氮冰激凌"，令人称奇的"橙子味鸡蛋羹"，神似蝉翼的"可食薄膜"，等等，这些是否让你更想要揭开谜底呢？诚然，美食中的化学并不是这短短数语就能说清道明的，食物中处处都饱含着化学知识。化学不是妖魔鬼怪，相反，有了化学，我们会品尝到更美味的食物，享受更幸福的生活。所以，让我们一起去寻找美食中的化学吧！

神酿

迷人的材料

　　读者朋友们，你们了解承载着万千家庭欢聚和无数人光荣与梦想的动车组列车吗？时至今日，又有多少人能记起差不多退出了铁路运营的绿皮车呢？那时候，探亲访友、求学就职，只要是跨省，你总能"收获"至少是 10 小时起步、24 小时并不封顶，甚至是更久的"哐次哐次"。拥挤的车厢、嘈杂烦躁的人群，尽力奔跑的绿皮车却忽然在凛冽冬夜里临时停靠冰天雪地，远处屋舍的阑珊灯火像极了回家路上的灯塔。

和谐号列车

那时的游子们心里肯定在呼喊：这段回家的路何时才可以近一点？

　　岁月流逝，时代变迁，当下出行，大家首选车次是字母"G"打头的动车组高铁：复兴号或和谐号列车。上海到南京，想约朋友喝下午茶，1 小时车程即可让我们心想事成；上海到北京，休闲周末若想陪家人，高铁在 4 小时 30 分内就能让你从南到北。于是乎，高铁就成了"快"的代名词。从第一列"和谐号"列车运营距今已经 10 余年了，高铁速度也成了中国亮眼的标签，那么高铁如果再提速的落眼点又将是哪里呢？其中"启用新材料"拥有大批的追随者，而碳纤维复合材料正是呼声最高的明日之星。

折戟沉沙"碳"未销

　　碳纤维复合材料，始于纤维，却青出于蓝而胜于蓝。说起纤维，人们总是不由自主地想到"唧唧复唧唧，木兰当户织"时那随着机杼翻飞的麻丝。

而碳纤维则是指将麻丝或者蚕丝等一些有机纤维经过一系列高温处理之后得到的含碳量高达 90% 的纤维。为了便于区分，我们便将这种脱胎于普通纤维的材料称为碳纤维，又因其经常以丝状出现在我们日常生活中，我们也常常将其称为"碳丝"。碳丝的密度仅为 $1.5g/cm^3$ 左右，和铝差不多，但是它的强度却赛过钢。

爱迪生

你可千万别小瞧这碳纤维，据其家族秘史记载，电灯里早期的灯丝就是碳丝做的。1860 年，英国化学家约瑟夫·斯旺首次利用碳丝作为电灯泡的灯丝，在抽掉了灯泡内部分空气后，成功地照亮了整个房间。遗憾的是，这盏碳丝灯很快就因为灯丝熔化而熄灭了。千百次的尝试也未能让约瑟夫·斯旺找到更好的代替品，碳丝灯也因此陷入了沉寂。直到 1879 年，爱迪生发现由竹丝高温加热后得到的碳丝灯可以持续更长的时间，因此开创了人类电灯的新纪元。然而，30 年后库里奇找到了碳丝的最佳继任者——钨丝，钨丝灯的出现让黑夜仿若白昼，碳丝却再次湮没在历史的风沙中。

如果说第一根碳纤维在照明上输给了钨丝，那蛰伏了 50 年后的碳纤维终于得以一鸣惊人，待偃旗息鼓后整装待发的碳纤维重新出现时，材料科学领域迎来了一场重大的工业革命。1942 年，美国杜邦公司推出了羊毛衫的平代品——腈纶，这种轻柔保暖不输羊毛，价格更亲民的面

灯泡

料瞬间就赢得了人们的青睐。腈纶是什么呢？其实，腈纶就是一种由丙烯腈聚合而成的高分子化合物，也就是聚丙烯腈（PAN），是合成纤维的主要原料。

PAN 的合成示意图

　　"二战"结束后，美国经济萧条，社会到处散发着颓靡之气。从腈纶尝到了甜头的美国，试图从碳纤维上找到力挽狂澜的法宝，因此生产灯泡线束的美国联合碳公司（UCC）重启了对碳丝的相关研究，但这次，幸运未能如约而至。相反，碳丝却成全了日本研究人员近藤昭男的"塑材"之路。

　　1952 年，近藤昭男博士毕业后，进入了日本大阪工业技术试验所的碳材料研究室工作。得益于杜邦公司腈纶研究的契机，近藤昭男试图找到将含碳量为 85% 的腈纶升级成碳纤维的诀窍。于是，他将民用腈纶经过一系列的热处理，并且认真观察了加热过程中这些腈纶材料在物理性质和结构上的变化，最终发现 PAN 纤维经氧化处理后可以得到含碳量为 90% 的碳纤维。遗憾的是，近藤昭男当时并没有能够制造出高性能的碳纤维，但不可否认的是，他依然奠定了 PAN 基碳纤维氧化和碳化的基本工艺流程。1959 年，近藤昭男为基于 PAN 生产碳纤维的技术申请了专利，并且授权给了日本东丽公司，也正是因为这位碳纤维之父，日本东丽公司成了世界第一大碳纤维制造商，碳纤维质量与产量都居世界之首。后来英国皇家航空研究所的瓦特在近藤昭男的基础上完善了高性能 PAN 基碳纤维的新工艺，从此 PAN 基碳纤维成为材料领域的明星产品。

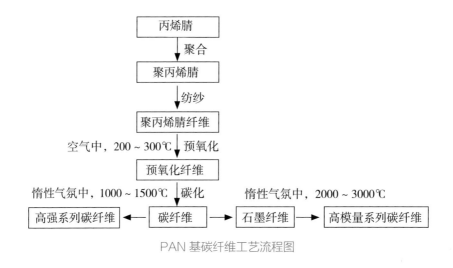

PAN 基碳纤维工艺流程图

莫愁前路无知己，天下谁人不识君

历史的巨轮滚滚向前，以 PAN 为原料的 PAN 基碳纤维在面对航空、纺织、医学或者其他尖端科技所要求的高性能时，纵使怀揣老夫聊发少年狂的豪迈，也终究是心有余而力不足罢了。就在碳纤维以为又要迎接自己的寒冬之际，碳纤维复合材料应运而生了！

复合材料，顾名思义就是指将两种或两种以上具有不同物理化学性质的材料，经复合工艺的重重选拔，不同材料间彼此取长补短，互相成就，最终得到性能远优于单一材质的多元材料。简单说来，就是首先将先驱体，也就是原料 PAN，加工成为碳纤维。当然，基本原料除了 PAN 外，还可以是沥青纤维或粘胶丝等。然后再将其与其他的基体材料，比如树脂、金属或者陶瓷复合，最终得到性能更优良的碳纤维复合材料。其中最常用的组合就是碳纤维增强树脂基复合材料（CFRP/CFRTP）。

碳纤维复合材料的制作过程

碳纤维复合材料不仅传承了碳纤维身轻质钢的特性，还开创了柔软可加工的新品性，因此 20 世纪 70 年代以后，碳纤维复合材料在航空航天、汽车工业、新能源、医疗器械以及高级体育用品等领域大放光彩。拿国外航空复合材料来说，初出茅庐时，碳纤维复合材料主要是在一些受载不大的简单零部件中占据一席之地。20 世纪 80 年代开始，碳纤维复合材料开始活跃在尾翼、机翼等承受力和规模都较大的部件中；20 世纪 90 年代末，碳纤维复合材料已经成功地跻身于受力复杂的中机身段。21 世纪初，碳纤维复合材料已然取代了起落架中钢结构的霸主地位；而现如今，飞机结构中复合材料的用量成了飞机先进性的重要标志。

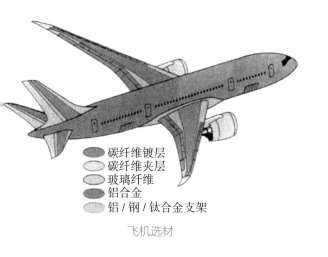

碳纤维镀层
碳纤维夹层
玻璃纤维
铝合金
铝 / 钢 / 钛合金支架

飞机选材

相比国外的如火如荼，国内的碳纤维研究起步较晚。1962 年，中国科学院长春应用化学研究所成立了"聚丙烯腈基碳纤维的研制"课题组，并且任命李仍元先生担任组长。同期，中国科学院金属研究所张名大先生也开展了碳纤维材料的相关研究。尽管碳纤维的研究是我国科技的重中之重，但由于我们的产品与技术均受制于人，因此在很长一段时间内始终在碳纤维材料的门外徘徊。2000 年，师昌绪先生挺身而出，组建了一支碳纤维技术攻关队伍，在万马齐喑中炸响了我国碳纤维材料领域的春雷。毫不夸张地说，20 年过去了，我国碳纤维的研究和产业化正在逐步迈向最好的时代。从国之重器——东风系列中碳纤维制造的发动机部件壳体到街头发烧友的休闲装备，从"C919"大飞机到碳素钓鱼竿或者碳纤维自行车，碳纤维材料的身影在我们的生活中随处可见，真可谓天下谁人不识"碳"。

虽然碳纤维复合材料在高速列车上的应用算不得风生水起，但也算是小有所成。国际上针对列车用的碳纤维复合材料已经开展了系统研究，突破了众多技术的瓶颈，积累了丰富的工程化应用经验。法国 TGV 双层车体采用碳纤维复合材料，实现了高速列车车体结构的重大突破；2005 年日本 N700 系列车上采用碳纤维复合材料制造了车顶，成功减重 500kg，不仅降低了重心，还提高了气密强度；2010 年韩国 TTX 倾摆式列车是碳

C919 大飞机

东风 -31 弹道导弹

碳纤维自行车

碳素钓鱼竿

纤维复合材料车体最成功的案例。

我国虽然对碳纤维复合材料的整体研究起步很晚，但是其在轨道交通领域的发展却非常迅猛。2007 年，时速 200km 的"和谐号"动车组 D460 次列车从上海站出发驶往苏州；2008 年 8 月，时速 350km 的高速铁路京津城际铁路通车运营，从此绿皮车、K 字头的快车逐渐远离了我们的视线，我们看到的更多是和谐号和复兴号高铁。2009 年，随着武广高速铁路建成通车，中国正式进入高铁时代，中国高铁已然成了中国名片。

D460 次列车

京津城际高铁正式开通运营

精益求精是根植在我们血脉中的天性，更快、更舒适是国家力求给大众交出的答卷。但不可避免的是，高铁作业环境复杂，若速度不断提高，则需要有可以突破金属材料局限的综合型优良材料。于是再提列车速度，亟须解决的问题就是如何给列车巧妙"瘦身"，实现列车的进一步轻量化，解决列车轻量化后与其他各种性能，比如强度、振动、噪声、隔热、辐射等之间的矛盾。研究人员寻寻觅觅，发现碳纤维复合材料是为此量身定制的最佳选择。一方面，碳纤维复合材料密度为 1.6 g/cm^3，是常规钢材的五分之一，既可以应用于列车内饰、设备舱等非承载或者次承载部件，又可以应用于车体和转向架这类主承载部件，完全可以实现高铁车身轻量化；另一方面，它的专业素质，如比强度高、比模量高、阻尼性能优异、耐腐蚀、耐磨损、使用寿命长等优异性能完全为高铁翻越崇山峻岭，穿梭五湖四海，深入环境恶劣地区提供了现实条件。

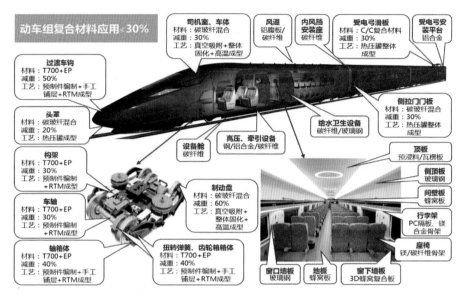

动车组中的材料应用

2018 年 1 月 7 日，中车长春轨道客车股份有限公司宣布他们已经研制出具有完全自主知识产权的全球首辆全碳纤维复合材料地铁车体，成功实现了车体减重 35%、节能减排降耗，提高安全性、舒适性和使用寿命等目标，充分发挥了碳纤维复合材料的优越特点，解决了复合材料应用于轨道车辆承载结构面临的难点，更重要的是验证了碳纤维复合材料在轨道交通承载结构上应用的可能性。

全碳纤维复合材料的地铁车体

碳纤维复合材料在各个领域中的地位有目共睹，但是如何打造具有中国特色的碳纤维复合材料之路仍需要三思而后行，也许轨道交通的发展是我们的挑战与机遇，是拉动中国碳纤维领域的突破点。但是目前将碳纤维及其复合材料与轨道交通融会贯通，亟须突破的瓶颈是我们的基础研究还是处于比较薄弱的水平，很多大型的制造设备仍然需要引进。同时，国产的碳纤维材料产能依然不能完全满足需求。我们应该避免只做简单的金属材料替代造成碳纤维复合材料的价值流失，而是需要发挥碳纤维及其复合材料的最优性能，打开使用价值和经济效益双赢的局面。从 1952 年第一台蒸汽式机车的出厂，我们的轨道交通工具已经完成了从"钢铁时代"到"铝材时代"的转换，而现今能否实现"碳材时代"的跨越将是碳纤维先进复合材料领域的一次重大变革，也是助力高铁再迈入一个新速度时代的决速步！

筑基　　　　　变革　　　　　璀璨

合成重要的生命体组成成分

化学，从无到有的生命旅程

生命是什么？我们从来都没有停止过对这个问题的思考。当卵细胞和精细胞相遇的时候，我们就纷纷踏上了自己的生命旅程。怀揣父母的欢欣与希望，我们呱呱坠地；依偎在奶奶的怀抱中，听听父母的糗事，童年在故事中静静地流淌；"奇变偶不变，符号看象限"，题海中厮杀出了我们的漫漫求学路；初入职场，我们一腔热血，踌躇满志；而立之年，肩负家庭，在悲欢中前行；耄耋之际，翻开人生这本书，我们细细回味。从跌跌撞撞到踉踉跄跄，这也许是一个人的生命旅程，又或许是许多人的生命旅程，但一定不是化学的旅程。

19世纪前，化学家们坚信"生命力"是生命的灵魂，普遍认为生命物质只能从其他的生命物质转化而来，而绝对不可能通过非生命物质产生。那时候有机化学研究的对象都是从天然动植物中提取的有机物，这使化学家们产生了一种错觉，似乎有机物都是具有"生命力"的有生命之物，是不可能在实验室里用一些没有"生命力"的无机物通过一些化学方法合成的。直到1828年，德国化学家弗里德里希·维勒用两个无机物氰酸和氨水在实验室合成具有"生命力"的尿素，奏响了"生命力论的丧钟"。

在化学从无到有的旅程中，合成一直是主旋律。从19世纪中叶开始，通过合成得到的有机化合物数量迅速增加，化学家们也不再认为所谓的"生命力"是制备有机化合物的前提。距今两百多年过去了，我们对化学和生物的认识越来越深刻，有机合成的能力也愈发强大。对于合成我们已经也不再止步于有机小分子，化学家们甚至能够合成核酸、蛋白质和多糖这样的生物大分子。而这些生物和化学交融的巨大成就告诉我们，生命现象和自然界中的其他现象一样遵循着相通的化学规律。

核苷酸与核酸

如果你没听过"龙生龙，凤生凤，老鼠生来会打洞"，那肯定熟知"种瓜得瓜，种豆得豆"。那你是否知道这些广为传诵的俗语中蕴藏的传承奥秘。都说"儿肖母，女肖父"，实际不然，当卵细胞和精细胞相遇的时候，我们已经获得了父母各自一半的遗传信息，并承包给一家叫作核酸的"快递公司"进行运输。核酸，一家"生物大公司"，但追求匠人精神，因此它们只有脱氧核糖核酸（DNA）和核糖核酸（RNA）两条路径。DNA 由脱氧核糖核苷酸负责，而核糖核苷酸则负责 RNA，它们坚持专人专职，严禁一岗多用。

然而通行路上，我们难免担心混淆脱氧核糖核苷酸和核糖核苷酸。其实，要分清它们很简单，你只需要两步：第一步，打入核苷酸的内部。核苷酸成员有三，分别是碱基、戊糖以及磷酸。第二步，发起找茬小游戏。把脱氧核糖核苷酸和核糖核苷酸排成一排，你就会发现它们在戊糖的第二位碳的蹊跷。如果 C_2- 位站立的是羟基（-OH），则这个戊糖称为核糖；如果轮到氢原子(-H)当值，这个戊糖就被称为脱氧核糖。不难理解，由核糖所形成的核苷酸称为核糖核苷酸，也就是 RNA 的基本

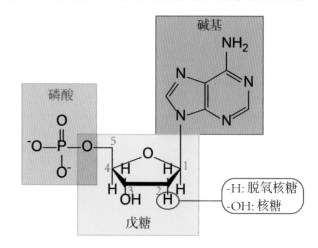

核苷酸由碱基、戊糖以及磷酸三部分组成（图中为脱氧腺苷酸）

成员；由脱氧核糖所形成的核苷酸自然就是脱氧核糖核苷酸，则成了 DNA 的专员。

磷酸是方方正正的老干部风格，作风极其严谨，碱基最喜欢玩的就是变脸游戏。虽不及千面，但是也有很多不同的基团，使得核糖核苷酸和脱氧核糖核苷酸种类繁多。但是直接用于 DNA 生物合成的脱氧核糖核苷酸或者用于合成 RNA 的核糖核苷酸都只有 4 种。负责合成核糖核苷酸的是腺苷酸、鸟苷酸、尿苷酸和胞苷酸，分别可用 A、G、U、C 表示。相应地，脱氧核糖核苷酸为脱氧腺苷酸、脱氧鸟苷酸、脱氧胸苷酸和脱氧胞苷酸，也可以用单字母的 A、G、T、C 表示。

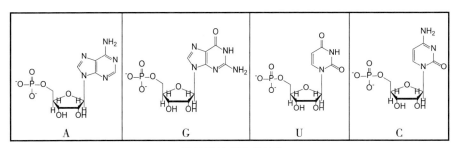

4 种核糖核苷酸的结构

4 种脱氧核糖核苷酸的结构

那单个的脱氧核糖核苷酸是怎么合成出具有遗传特性的 DNA 呢？无须花言巧语，DNA 的合成注定是脱氧核糖核苷酸间金风玉露般的相逢。当一个脱氧核糖核苷酸中戊糖的 3- 羟基和另一个脱氧核糖核苷酸的磷酸交会，磷脂键就将它们紧紧相连，然后一传十，十传百，一条单链的 DNA

分子"戛然而生"。趁着东风，单链 DNA 的碱基蠢蠢欲动，想和另一条同是单链的 DNA 结伴出游，却不知如何相邀。1953 年，沃森和克里克发现合成 DNA 的脱氧核糖核苷酸虽然有 A、G、T、C 四种碱基，但是它们却早已划好了阵营，A 搭档 T，G 吸引 C。于是两条单链的 DNA 分子一拍即合就形成了螺旋状的双链 DNA 分子。沃森和克里克也因此和威尔金斯共享了 1962 年的诺贝尔生物学奖。事实上，RNA 也是这样合成的。

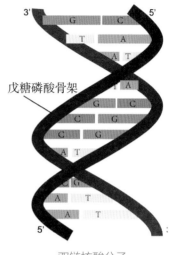

戊糖磷酸骨架

双链核酸分子

　　生命不息，探索不止。为追求生命的真谛，化学家们践行实验出真知，试图从核酸的人工合成中找到些许痕迹。核酸的化学合成理念是：以没有碱基的核苷或单核苷酸为原料，完全用有机化学方法来合成核酸。1957—1965 年，美籍印度裔科学家哈尔·葛宾·科拉纳等人设计合成了多种组合的寡脱氧核苷酸片段，然后运用 DNA 聚合酶、RNA 聚合酶和无细胞蛋白质合成体系等一系列精妙的实验破译了遗传密码，为遗传工程的发展铺平了道路。1972 年科拉纳加盟麻省理工学院，他领导的一个研究小组利用人造核苷酸合成了第一个人造基因。4 年后，他宣布人造基因在细菌细胞内正常发挥作用，这些都是分子生物学和合成生物学史上的里程碑。

　　实际上核苷酸是一个非常活泼的化合物，遇见谁都能擦出点火花。于是，我们在合成的时候经常会先把它固定在树脂上提前拘一拘它的性子，以防万一，还会加上一些保护措施，等到反应的时候再把这些保护措施拿掉，然后尽可能地多连一些新的碱基直到连不上为止。紧接着通过氧化的手段就能得到稳定的 DNA 片段，最终再经过专业的处理将合成好的 DNA 片段从树脂上剥离下来。由于合成过程中用到了一些固相的载体，该方法也被称为固相合成法。RNA 的合成过程也与此大抵相似，但是 RNA 的核糖中有一个 2- 位羟基，因此在合成 RNA 的时候我们需要增添额外的保护措施。

纯化学合成核苷酸的方法虽高效且实用，但是合成出的片段大小却十分有限，通常在 20 个碱基以下。所以，我们想要合成长度达到几百、上千，乃至上万碱基的 DNA 或 RNA，势必要另辟蹊径。随着科学技术的发展，我们已经开发出了用酶催化的合成方法，比如，在分子生物学研究中最不可或缺的实验——PCR 反应。

氨基酸与蛋白质

如果你惊讶于遗传物质的精妙，那么你即将对它们肃然起敬。因为无论你是吃饭还是睡觉，思考或是奔跑，它们像一群工作狂一样在我们身体内连轴转，分秒不歇，科学家们亲切地称呼它们为蛋白质。它们种类繁多，数以万计，性格迥异，各有所长，分散在身体的各个角落，是我们身体中细胞和组织的重要成分，更是我们一切生命活动的物质承担者。不过，令人惊讶的是，我们体内的蛋白质其实是由 20 种氨基酸排列组合而成的。20 种氨基酸，上万种蛋白质，这可能吗？

生物大分子由基本结构单元通过一定的化学反应聚合形成

氨基酸，顾名思义，是一种含有氨基（–NH_2）的酸，听起来感觉像是羧酸（RCOOH）的某个近亲。没错，氨基酸就是羧酸中 R- 碳原子上的某个氢原子被氨基取代后产生的一类有机化合物，因此，氨基酸分子中同时含有氨基和羧基。由于氨基可以取代羧酸任意位置的碳上的氢原子，氨基酸也由此获得了不同的名字。比如，如果取代的是连着羧基的第一个碳原子上的氢原子，我们称其为 α - 氨基酸；如果是第二个的话，我们则称其为 β - 氨基酸；以此类推，如果是第三个的话，则称其为 γ - 氨基酸……值得注意的是，组成我们人体内的蛋白质都是 α - 氨基酸。当然，这也不是说生物体内的天然氨基酸就只有 α - 氨基酸。比如， γ - 氨基丁酸是我们体内一种重要的抑制性神经递质。

H_2N — CH — C (=O) — OH, H_3C	H_2N — CH_2 — CH_2 — C (=O) — OH	H_2N — CH_2 — CH_2 — C (=O) — OH
α - 丙氨酸	β - 丙氨酸	γ - 氨基丁酸（GABA）

α - 氨基酸、β - 氨基酸、γ - 氨基丁酸的示例

那 α - 氨基酸又有什么特别呢？当它们迎面走来的时候，你会发现它们好像共用了一个模子。不信，你瞧！ α - 氨基酸的碳原子（简称 Cα）朝着四个方向分别连接着一个羧基（–COOH）、一个氨基（–NH_2）、一个氢原子（–H）以及一个不同的基团（–R），不同的氨基酸也就相差在这 R 基团

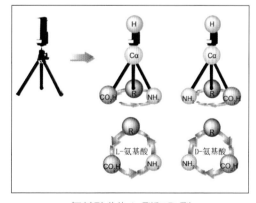

氨基酸分为 L 型和 D 型

上。但有趣的是，如果我们把氨基酸的 α - 碳原子安装到照相机三脚架的分叉点上，将氢原子放在顶端的夹子上，羧基、氨基和 R 基分别放在三个脚上，我们会发现有些氨基酸的羧基、氨基和 R 基是沿顺时针旋转的，而有的却反其道转之，是逆时针旋转的。于是，我们把逆时针排列的叫作 L 型氨基酸；相应的，顺时针排列的则叫作 D 型氨基酸。虽然蛋白质种类繁多，但是组成蛋白质的 α - 氨基酸却出人意料地统一，除了甘氨酸，剩下的 19 种都是 L 型的。甘氨酸之所以特殊，是因为它的 R 基团是氢原子，根本就没有 L 型和 D 型之分。

　　下表是合成我们人体蛋白质的 20 种氨基酸的结构式、英文名、三字母简写和单字母简写。

丙氨酸
Alanine（Ala，A）

精氨酸
Arginine（Arg，R）

天冬酰胺
Asparagine
（Asn，N）

天冬氨酸
Aspartic acid
（Asp，D）

半胱氨酸
Cysteine
（Cys，C）

谷氨酸
Glutamic acid
（Glu，E）

谷氨酰胺
Glutamine
（Gln，Q）

甘氨酸
Glycine
（Gly，G）

组氨酸
Histidine
（His，H）

异亮氨酸
Isoleucine
（Ile，I）

亮氨酸
Leucine（Leu，L）

赖氨酸
Lysine（Lys，K）

甲硫氨酸
Methionine
（Met，M）

苯丙氨酸
Phenylalanine
（Phe，F）

脯氨酸
Proline
（Pro，P）

丝氨酸
Serine
（Ser，S）

苏氨酸
Threonine
（Thr，T）

色氨酸
Tryptophan
（Trp，W）

酪氨酸
Tyrosine
（Tyr，Y）

缬氨酸
Valine
（Val，V）

20 种常见的参与天然蛋白质合成的氨基酸

由一个模板生产的氨基酸，怎么就挑起了蛋白质工程的大梁呢？其实，这活儿还非氨基酸莫属，制胜诀窍就在于其兼具氨基和羧基的双面性。如果一个氨基酸分子的氨基（-NH₂）遇上另一个氨基酸的羧基（-COOH），它们热情相拥，脱去一个水分子（H₂O），形成一个叫肽键（-CO-NH-）的锁扣，它俩就成了最佳搭档！如果成千上万个氨基酸相遇，自然就会形成一条由"肽键牌"锁扣紧密相连的肽链，然后一条肽链或几条肽链相互缠绕就形成了蛋白质。即使只有两个氨基酸抱团，也会产生很多种可能。正是这样的不确定性，20 种氨基酸才造就了林林总总的蛋白质！当然，为防止一些叛逆的氨基酸暗中搞破坏，分子伴侣蛋白应运而生，它们的例行工作就是帮助差点犯错误的新生肽链及时改正。

摸透了蛋白质合成的方针，科学家们也试图在体外模拟合成蛋白质。但是，选择哪个蛋白质作为敲门砖成了前进的拦路虎。陷入僵局之际，一封红头文件给中国的科学家们指引了方向。长期的研究证实从动物胰脏中提取的胰岛素是治疗糖尿病的良药。胰岛素，一种重要的蛋白质类激素，可以促进全身组织对葡萄糖的摄取和利用，抑制糖原的分解和糖原异生，显著降低血糖。但是当时随着糖尿病人的增加，光靠提取已远远跟不上需要，于是我国科学家们便向人工合成结晶牛胰岛素发起了挑战。

两种不加保护的氨基酸可以有多种缩合反应产物

人工合成结晶牛胰岛素的成功使我们对蛋白质的合成认识更加彻底。氨基酸自由生长尚且结果多样，那么如果我们人为地将一些氨基酸进行修饰，得到的产物自然更加丰富。当然，有的时候我们为了保留氨基酸的天性，也会寻找方式将它们特殊的结构保护起来。时至今日，我们已经能够合成分子量非常可观的多肽链，而且能够轻易地实现在特定的位点引入一些氨基酸来适应特殊的研究需求。

糖化学

　　找到了遗传信息的载体，获悉了生命活动的物质承担者，接下来我们一起去参观能量加油站——糖。糖，主要由碳、氢、氧三种元素组成，是生物界中分布极广、含量较多的一类有机物质，几乎所有动物、植物和微生物体内均含有糖。虽然人员众多，但主要还是分为单糖、双糖、多糖这三大派系，并且糖家族十分团结，齐心协力做好提供生命活动的能量这件事。而这其中，最耀眼的莫过于单糖中的葡萄糖，它通过氧化释放出能量为生命的日常活动保驾护航。在一些紧急情况下，糖也可以转化为生命所需的其他物质如蛋白质、脂类等。此外多糖在结构功能上也有所涉猎。比如，植物茎秆的主要成分是纤维素；几丁聚糖是甲壳类动物外壳及昆虫鳞片的重要组成部分；存在于细胞与细胞之间的细胞间质中的糖胺聚糖也是结构物质。细胞结构中的糖和蛋白质、脂类相结合形成蛋白多糖或者脂多糖，从而参与身体的新陈代谢，能调节机体免疫、抑制肿瘤、调节血糖、调节血脂等。

　　尽管糖和蛋白质以及核酸齐名，但相比之下，我们对糖的结构和功能的认识远没有后者深刻，尤其是多糖。我们知道，对于一个确定序列的DNA，以三个核苷酸为一组的密码所能编码的蛋白质是基本明确的。虽然生物体内的多糖大都是由各种糖基转移酶催化产生的，然而多糖的生物合成具有随机性，是不可预测的。再加之多糖如淀粉既有线性的，也有支链的，这进一步加大了多糖研究的复杂性。因此，对多糖的深入理解还需依赖于有机化学的分析和合成方法。

　　和核酸的人工合成类似，多糖的合成主要采用固相合成的方法。单糖分子含有多个羟基，其中每一个羟基就可以与另一个单糖分子的羟基形成糖苷键。但值得注意的是，在糖苷键的形成过程中往往需要进行多步的保护与脱保护措施。毫无疑问，这样的研究思路和蛋白质及核酸的合成有很大程度的相似之处，但是由于糖苷键的形成还具有一定的区域和立体化学选择性，而这些因素大大增加了多糖合成的难度。迄今为止，多糖的人工合成的技术手段远不及蛋白质和核酸成熟，因此，人工合成多糖中的很多难关还等着我们去挑战。

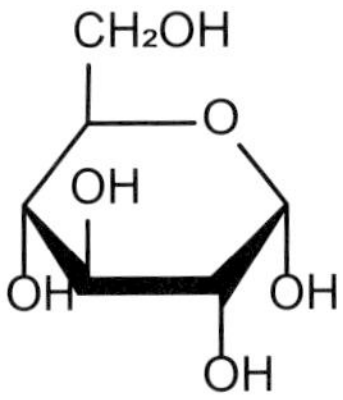

葡萄糖 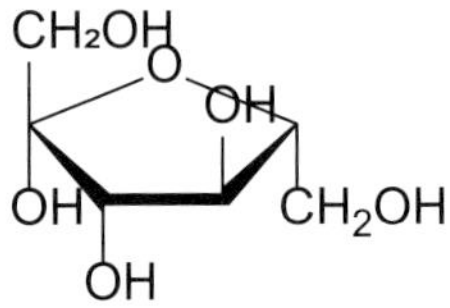　　　　　　　　果糖 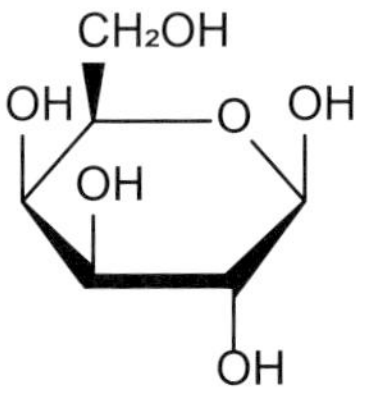　　　　　　　　半乳糖

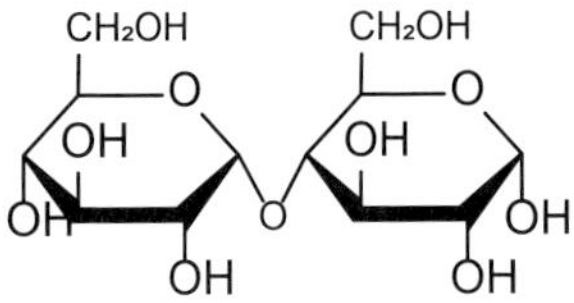

麦芽糖 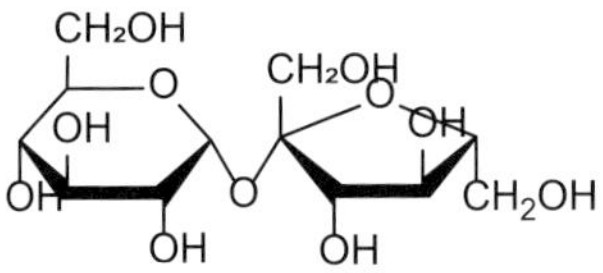　　　　　　　　蔗糖 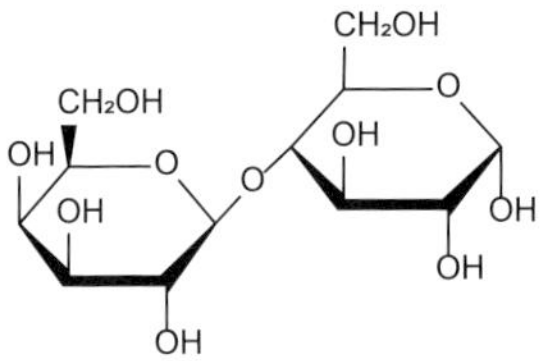　　　　　　　　乳糖

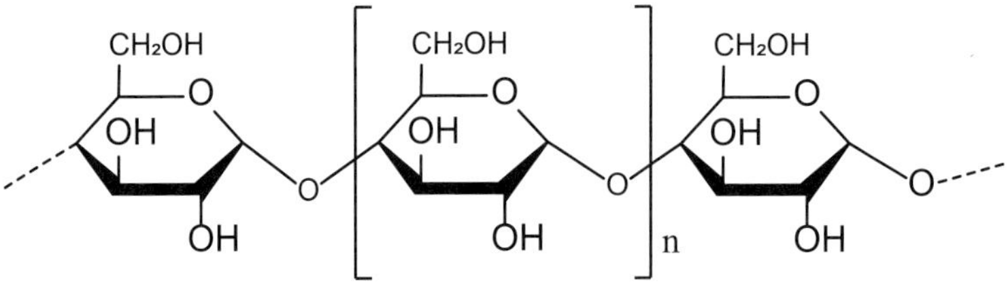

直链淀粉

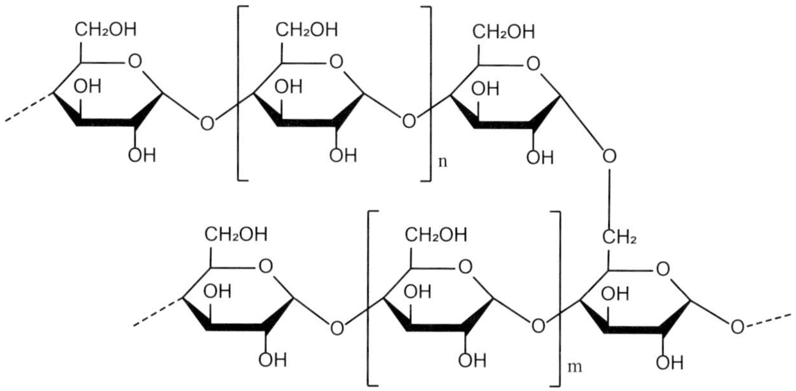

支链淀粉

单糖、二糖及多糖示例

总结与展望

归根到底，生命的过程其实是生物体内一系列的化学变化。而合成化学为探索生命科学规律提供了重要方法和物质基础，在分子结构复杂性和多样性上的成就更是极大地推动了生命科学领域突飞猛进的发展。

在合成化学促进生命科学研究的同时，我们也可以反过来利用生物体系来制造日常生活所需要的物质。石器时代人类就开启了微生物酿酒的先河，但是谁能想象现在我们却利用微生物生产塑料呢？合成生物学的蓬勃发展让我们在难以置信中寻找可能。在 21 世纪最初的 10 年间，很多微生物来源的材料就已经出现在我们生活的各个角落。甚至有科学家预言在 22 世纪人们能够通过播下种子就能萌发出一栋房子来！科技的发展已经给我们带来了太多的惊喜，我们享用着过去无法想象的科技所带来的美好生活，以致我们听到每一个天马行空的想象时已经不能轻易判断是无稽之谈还是不久的将来。化学、生物和物理等多个学科的碰撞必将把我们引领向越来越美好的未来！

你不了解的"青霉素"与"青蒿素"

青霉素的前世今生

提起儿时对医院的印象，似乎总是不那么美妙——哆哆嗦嗦，小心翼翼地伸出胳膊，医生开始了"皮试"。想看不敢看，猛地感觉到一股痛意，"皮试"就结束了！所以，"皮试"就这样和"疼痛"组成搭档留在了我们的脑海里。

但是，你知道我们为什么要做"皮试"吗？那是很多消炎药物中都有一个叫"青霉素"的活泼小精灵，在我们和细菌的这场攻防战中，它永远都是冲在最前线和细菌对峙，守卫着我们的健康。不过，这个小家伙和每个人打招呼的方式是不一样的，大多时候都温润如玉，犹如春风拂面。而有的时候却热情似火，这时我们就需要给它降降温！咦？热情不是挺好的吗？我们为什么需要给它降降温呢？它又是怎么守护我们的身体呢？让我们一起了解它的前世今生吧！

青霉素——诞生

一听到青梅，似乎总是不自觉地吞咽着口水，脑海里常闪现出"望梅止渴"的典故。但是，我们今天的要讲的"青霉"，可不是"煮酒论青梅"中的"青梅"。青霉，是一种容易长在橘子、面包上的霉菌，大部分都是绿色的。而青霉素

青霉素的结构

青霉

就是由这些"绿油油"的小家伙们分泌出来的一种小分子化合物。

"青霉素"的先驱者：亚历山大·弗莱明

1881 年，亚历山大·弗莱明出生在英国苏格兰的一个农场里，在乡村中长大的他从小就喜欢观察大自然，并且总是对周围的一切充满好奇心。在当了 4 年船运办公室职员后，弗莱明意外地得到了叔叔老约翰的一笔遗产，并考上了帕丁顿的圣玛丽医学院，毕业以后，便留在这家医院工作。第一次世界大战爆发之后，弗莱明参加了皇家军医部队，在战场上，弗莱明目睹了伤口被细菌感染的伤员大量死亡的惨状。1919 年退伍后，找到这种细菌的"敌人"，就成为弗莱明心中最坚定的目标，任何可以使致病细菌消亡的物质都会引起弗莱明的高度关注。1922 年，弗莱明得了感冒，

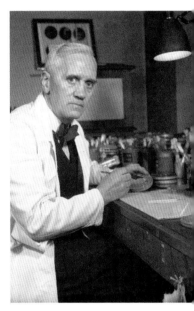

亚历山大·弗莱明

鼻涕不断，在观察培养皿中的致病细菌时，进行了一波"神操作"，他将自己的鼻涕往培养皿中滴了几滴。令人惊异的现象发生了：鼻涕周围的致病细菌被溶解了！这一现象表明，鼻涕中含有天然的抵御病菌的成分，而且这个成分可以溶解细菌。随后，弗莱明和合作者 V.D.阿里森继续研究发现，这种物质是一种蛋白质，不仅在鼻涕中有，血清、眼泪和唾液中都存在。由于它能够溶解细菌，弗莱明将其称为"溶菌酶"。

"溶解"可不等于"消亡"，不惑之年的弗莱明想：此生可能都无法找到使细菌消亡的物质了。然而，1928 年，弗莱明等到了他人生中的高光时刻，整个医疗事业也看到了黎明的曙光。

1928 年，弗莱明去乡下度假，出发前没有照管好正在实验室里培养的致病细菌——金黄色葡萄球菌。这种细菌常年存在于皮肤上，当皮肤出现

创伤便会入侵体内，进而引发表皮感染、肺炎、脑膜炎、败血症等。心系实验的他，休假结束立即回到了实验室。糟糕！培养皿被污染了，里面长了一块绿油油的霉菌。弗莱明内心非常懊恼，同时又很好奇这个罪魁祸首到底是何方神圣。于是，弗莱明把污染的培养皿放在显微镜下观察，却发现了一个有趣的现象：这些绿色霉菌生长的周围，并没有发现金黄色葡萄球菌，看上去绿色

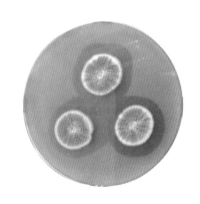

培养皿上的青霉菌

霉菌的周围似乎形成了一个生长的禁区，仿佛明晃晃地写着"私人领域，禁止闯入"。弗莱明立刻意识到，一定是这种绿油油的霉菌中含有某种物质"压制"住了金黄色葡萄球菌的生长，由于这种物质是绿色的霉菌产生的，弗莱明就把它叫作"青霉素"。

青霉素——成长，从"小"到"大"

发现青霉素后，弗莱明就迫不及待地想要将其应用在临床上。然而一连串的麻烦浇灭了弗莱明的热情。首先，青霉素很难提取，其次，提取出来的青霉素也很不稳定。再加上当时磺胺类抗生素的流行，青霉素的研究得不到任何支持。不过，弗莱明还是把发现的菌株一代一代地保存了下来。

1940 年，药理学家霍华德·弗洛里和生化学家恩斯特·钱恩领导的一个牛津大学研究小组纯化了青霉素，并且证实青霉素可以治疗细菌感染的小鼠。1941 年，该小组在一位脸部严重感染的警察身上进行了第一次人体试验，在使用了青霉素之后，病人状况得到了极大的改善。不幸的是，青霉素用完了之后，病人还是因为感染而死亡了。因此，如何获得大量的青霉素仍然是一个大问题。

在尝试了将空气泵入发酵罐和其他方法后，科学家们终于可以很快地诱导青霉素生长，并获得量产的青霉素。当然除了优化制备流程，科学家

们也在不断寻找可以产生更多青霉素的菌株，最后，在美国皮奥里亚自由市场的一个发霉的哈密瓜上的青霉得了第一名。在科学家、政府和制药厂的共同努力下，可以大规模生产，同时具有药用级别的青霉素终于诞生了。1944 年 6 月 6 日，当第二次世界大战盟军在"诺曼底登陆日"登陆海滩时，就已经有足够的青霉素药品来救治众多的伤员。而青霉素被誉为是拯救士兵远离死亡的"超级神药"。

从绿色霉菌里出来的东西，怎么能注射到身体里给人治病呢？这是因为青霉素可以破坏细菌的细胞壁合成，在细菌细胞繁殖期起杀菌作用。正常的细菌都含有细胞壁，这是由肽聚糖构成的保护层，是细菌一道比较坚固的"城墙"。但是和普通的城墙不一样，细菌的这个城墙是一个可以变化的城墙。细菌的形态会随着外界环境的变化而变化，因此这个肽聚糖保护层会不停地发生重构，里面的一些化学键会断裂，再重新形成。其中一个负责断裂和重建的重要家伙叫作"转肽酶"，青霉素可以特异地结合在"转肽酶"上，让它不能正常工作。而这个后果会很严重，断裂开的以及新生成的肽聚糖保护层不能再重新形成稳定结实的城墙，细菌内的物质漏到环境中，细菌很快就会死亡。不难想象，戳了洞的水蜜桃还能放多久呢？而人类的细胞是没有细胞壁的，所以青霉素可以特异地抑制多种细菌的生长，对人类几乎没有伤害。

青霉素在"二战"中的应用

青霉素——未来

青霉素问世后，以前的不治之症如肺结核被彻底消灭，由于致病细菌导致的肺炎、败血症也可以得到治疗，人类的寿命因为青霉素的发现而大大延长。因此，亚历山大·弗莱明、霍华德·弗洛里和恩斯特·钱恩共同获得了1945年的诺贝尔生理或医学奖。

亚历山大·弗莱明　　恩斯特·钱恩　　霍华德·弗洛里

三人共享 1945 年诺贝尔生理或医学奖

现在，人们对青霉素的作用机制理解得越来越清楚，纯化方案也越来越成熟。而且，种类繁多的抗生素奔涌而出，形成规模庞大的"抗生素家族"：链霉素（1943年）、金霉素（1947年）、氯霉素（1948年）、土霉素（1950年）、红霉素（1952年）、卡那霉素（1958年）……迄今，世界上已发现1万多种不同的抗生素，其中人工合成的超过4000种，并且每年都要开发出新品种。青霉素的发现对寻找其他抗生素是一个巨大的促进。

青蒿素的发现史

青霉素？青蒿素？虽然听着像兄弟，它们却没有任何的血缘哦！如果说青霉素是现代医学的果实，那么青蒿素就是传统医学落在现代医学的芽，浸透历史的岁月后，开出的璀璨的花。

千百年来，寄生虫病一直困扰着人类，并且是全球重大公共卫生问题之一。寄生虫疾病对世界贫困人口的影响尤甚。2015 年的诺贝尔生理学或医药学奖获奖者对一些最具危害性的寄生虫疾病疗法上做出了革命性贡献。其中，屠呦呦发现了青蒿素，这种药品有效降低了疟疾患者的死亡率。

屠呦呦

屠呦呦在青蒿素治疗疟疾的研究过程中，贡献卓著，打破了在自然科学领域中国本土科学家获诺贝尔奖"零"的记录。那么青蒿素是如何发现的呢？让我们一起走近这段岁月！

疟疾：与文明同岁的"杀手"

疟疾是一种通过蚊子叮咬或输入带疟原虫者的血液而感染疟原虫所引起的疾病。疟原虫进入我们身体后会寄生于肝脏和红细胞内，并以血红蛋白为养料生长发育，从而扰乱了红细胞的功能。而疟疾常见的症状是病人一会冷，一会热，高烧，发抖。也正是因此，疟疾被俗称为"打摆子"。更可怕的是，疟疾通过蚊虫传播，很容易传染，从而可能暴发瘟疫。

追溯疟疾的源头，它并不是一种新兴的疾病。据史料记载，吠陀时期（公元前 1500—前 800 年）的印度文献称疟疾为"疾病之王"。公元前 200 年，我国的《黄帝内经》就对因为疟疾而爆发的瘟疫有了详细的描述，希腊诗人荷马（大约公元前 750 年）在《伊利亚特》中提到了疟疾，亚里士多德（公元前 384—前 322 年）、柏拉图（公元前 427—前 347 年）、索福克勒斯（公元前 496—前 406 年）也分别提到了疟疾。考古学家在埃及公元前 3200 年和前 1304 年的遗骸中还发现了疟疾抗原。

公元 1 世纪，是欧洲历史上的一个转折点，而这个转折点很可能与疟疾现身罗马息息相关。在接下来的 2000 年里，只要有拥挤的定居点和死水，疟疾就会肆虐于欧洲的每一寸土地，导致人们季节性生病，身体长期虚弱。公元 79 年的罗马因为疟疾疫情导致当地农民不得不放弃了他们的田地和村庄。许多历史学家推测，这场恶性疟疾是罗马灭亡的重要原因。在我国的南方岭南地区，在古代一直被认为是"瘴疠之地"，不适宜居住生存，也是因为当地湿热的环境导致疟疾盛行。当韩愈在被贬潮州时，就曾在《左迁至蓝关示侄孙湘》悲叹："知汝远来应有意，好收吾骨瘴江边。"

奎宁：疟疾的"克星"

在青蒿素出现之前，前面提到的奎宁是治疗疟疾的主要药物。奎宁是从原产于南美洲的一种名叫金鸡纳的高海拔树木的树皮中提取的。1817 年，法国化学家约瑟夫·佩尔蒂埃和约瑟夫·别奈梅·卡文托首先从金鸡纳树皮中分离出奎宁。因为有较好的抗疟效果，奎宁很快成为世界各地治疗疟疾的主要药物。第一次世界大战中，盟军占领了奎宁的主要产地和宝贵储备，德国军队在东非战场因为疟疾伤亡惨重。休战后，使得德国政府花费大量的力气来研发奎宁的替代品，这个项目由拜耳公司的 I.G. 法尔本部门承担。大量尝试后，均以失败告终，包括曾经最接近希望的帕马喹（1926年）和疟涤平（1932 年）。1934 年，氯喹的合成取得了突破。"二战"后，氯喹和 DTT 成为世界卫生组织雄心勃勃的"全球根除"疟疾运动的两大主要武器。然而，耐氯喹的恶性疟原虫偃旗息鼓后，又重新整装待发。在1957 年的泰柬边界，1960 年的委内瑞拉、1961 年的伦比亚马格达莱纳河流域的摩尔和拉尼尔和 20 世纪 70 年代中期的巴布亚新几内亚的莫尔兹比港，恶性疟疾又再次横行。

青蒿素——"523"消灭疟疾

1965 年 3 月 8 日，美国和越南爆发战争，战争期间，氯喹抗疟疾失效，美方和越方都饱受疟疾之苦，美军由于恶性疟疾死亡的人数更是远远超过阵亡人数，当时的越南主席胡志明向我国的周恩来总理求助。1967 年，我国正值"文化大革命"时期，全国几乎所有的科研工作都受到冲击。但是一个集中全国科技力量，联合研发抗疟新药，旨在援外备战的秘密军事科研任务还是启动了。1967 年 5 月 23 日，由国家科委（今科技部）和解放军原总后勤部牵头，组成了"疟疾防治研究领导小组"，在北京召开了"全国疟疾防治研究协作会议"。"523"，也就成了当时研究防治疟疾新药项目的代号。

原卫生部中医研究院中药研究所参与了"523"项目，并任命屠呦呦担任课题组组长。屠呦呦开始系统整理疟疾的资料，从中医药医学本草、地方药志到采访老大夫，不放过任何一个机会。最后制作了 2000 多张卡片，编出了 600 多种抗疟方药，屠呦呦希望通过这些民间验方，采取现代的有机溶剂，分离天然植物中的药用部分并进行药理分析和临床验证，从中找到新药，从历史中找到新生。实际上，从青蒿中提取的青蒿素并不是最佳选手，因为它的表现十分不稳定，有的时候超常发挥，可以抑制疟疾；有时状态不佳，抑制率只能到 40% 甚至更低。这样一个不稳定的选手，自然是不能成为"抗疟运动"的中流砥柱。

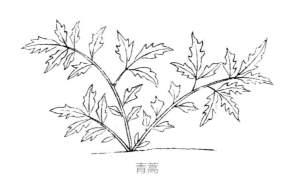

青蒿

　　"问渠那得清如许？为有源头活水来！"于是，屠呦呦和她的团队将目光聚焦到了青蒿，并针对青蒿的品种、药用部位、采收季节、如何提取4个方面进行了详细的分析和研究。首先，菊科艾属的青蒿品种很多，能产生青蒿素的却只有一种。其次，药用部分很重要，青蒿本身虽然大部分是茎秆，但只有叶子里面才有青蒿素。再次，采收季节也要把握好，因为青蒿素在青蒿内有一个自然合成过程，必须要等到青蒿花繁叶茂才行。此外，如何提取也很重要。东晋葛洪《肘后备急方》提道："青蒿一握，以水二升渍，绞取汁，尽服之。"意思是收集到青蒿的叶子后，加两升水，绞成汁后再服用。

　　老祖宗为何绞汁？这个细微的操作让屠呦呦灵机一动。是不是温度太高或者酶解会破坏其中有效成分？如果用低温提取的方式，是不是就能保留青蒿的药效呢？尝试了很多溶剂后，屠呦呦发现利用低沸点的乙醚提取的青

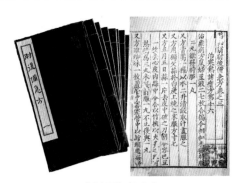

《肘后备急方》

蒿素确实将疗效提高了很多倍。但是当时的青蒿提取物还有毒性，并不能直接药用。在经历了很多研究后，他们把毒性集中的部分处理掉，保留安全性较好的部分。1971年10月4日，屠呦呦提取出来的191号样品就是中性提取物。用它做鼠疟、猴疟模型实验，达到了100%的抑制率。

实验记录显示 191 号样品对疟疾的抑制率达到 100%

191，3 个简单的数字就打倒了千百来年的顽固分子"疟疾"。而这个神奇的 191 号样品中到底是蕴涵着什么机密呢？起作用的有效成分到底是什么结构呢？大家并不知道。"523"研究小组在和中国科学院上海有机化学研究所、中国科学院生物物理研究所的合作下，1975 年，终于确认了青蒿素的立体结构，而 191 也终于露出了它的庐山真面目。青蒿素的结构完全不同于当时已知的抗疟化合物——奎宁和氯喹，它对恶性耐药疟原虫也有良好的杀伤效果。如今，青蒿素和其他青蒿类药物已经是治疗耐药性疟疾的主要药物。

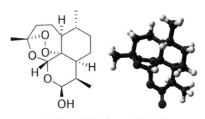

青蒿素结构式及立体结构

世界上每年有约 2 亿人感染疟疾，而青蒿素的发现，从根本上改变了寄生虫疾病的治疗。在全球疟疾的综合治疗中，青蒿素至少降低了 20% 的死亡率及 30% 的儿童死亡率，仅就非洲而言，每年就能拯救 10 万人的生命。这样伟大的发现是中国的骄傲，是一部中医的史诗，同时激励我们发掘中医中药这个瑰丽的宝库，让它在现代医学的土壤中茁壮成长，更好地为人类健康保驾护航！

生命　　　寻药　　　追梦

 无处不在的手性科学

"手性"的源起

1815 年，法国一个叫比奥的科学家发现当一束偏振光通过石英晶体的时候，它们的偏振面竟然会偏离正常的轨迹，旋转一定的角度，有的向左，有的偏右！而且，据比奥本人说，像糖和酒石酸这些物质的水溶液也具有这个现象。遗憾的是，对于这个现象产生的原因，比奥和当时的其他科学家百思不得其解。

后来，一个叫巴斯德的科学家在显微镜下发现酒石酸晶体有一个特殊的半面小平面，而且有的朝左，有的朝右。一左一右，看上去就好像在照镜子一样。更神奇的是，当偏振光分别通过它们的溶液，朝左的会向左偏转，朝右的会向右旋转。这可是个不得了的发现！巴斯德认为之所以会这样，其实是因为酒石酸是一对双胞胎，出入总是形影不离，导致我们肉眼根本没法区分，但实际上内部构造大有差别！不过，巴斯德也不是非常清楚酒石酸内部到底是怎么排列的，不一样的地方又在哪里，只能大概推测物质的旋光性是由于结构不同而造成的。

物质的旋光性与结构的关系扑朔迷离，而这一谜底的揭晓，大约又过去了 30 年。

1874 的初春，一个荷兰的小伙子范特霍夫背井离乡，告别导师凯库勒来到法国巴黎武兹的实验室深造学习。范特霍夫与那时正在武兹实验室学习的勒贝尔一见如故，两人经常一起讨论物质旋光性与结构的问题。半年后，范特霍夫迫于家庭的压力，不得不回到荷兰的乌德勒支大学工作。回国后，范特霍夫仍然在猜想物质的旋光性与结构到底有怎样的关系，什么

样的结构会产生旋光性，会不会与其组成的原子排列有什么联系呢？临近圣诞的时候，范特霍夫和家人一起在超市购买节日用品，突然范特霍夫在酸牛奶的货架旁停了下来，看着手中的酸牛奶一直发呆。正当他的妻子拍拍他，准备问他怎么了的时候，范特霍夫兴高采烈地喊了句"我终于知道了，乳酸"，转身就跑出了超市，甚至没和妻子道别。

几天后，范特霍夫发表了《空间化学引论》，提出了碳的正面体模型，正是以乳酸的结构作为例子解释：当碳原子连接了 4 个不一样的原子（或基团）的时候，就一定会产生旋光性，而这样的碳原子被他称为不对称碳原子或手性碳原子。

乳酸的 R 和 S 的模型图

范特霍夫的论文发表后不到 2 个月的期间内，勒贝尔也提出了相

酒石酸对映体的模型图

同的观点，不过勒贝尔解释的时候选择的是酒石酸作为例子。

这两位知己先后提出同一理论，在当时被称为"化坛双璧"，誉为一段佳话。

这一理论发表后，自然在化学界掀起了巨浪。不对称性也确实解决了当时很多关于旋光性的问题。比如，当时已知 4 种单糖分别是葡萄糖、半乳糖、果糖和山梨糖，知道它们具有相同的分子式（$C_6H_{12}O_6$），但是它们在结构上到底是怎样排列的，科学家们仍然充满疑惑。1892 年，受"碳四面体模型"的启发，费歇尔确定了葡萄糖的链状结构及其立体异构体，并因此获得了 1902 年的诺贝尔化学奖。但是越来越多的研究发现，有的物

质明明具有不对称性，可是并没有旋光性。为了解释自己发现的现象，科学家提出了很多概念来捍卫自己的观点。而且，对于这些概念，科学家们经常各执一词，还为此大打笔墨仗。

直到 1904 年，开尔文在一份讲稿中一锤定音，结束了这场笔墨战。开尔文指出，无论是哪一种现象，本质都是物体和它的镜像看着相似，却又不能和它的镜像重合，而我们双手不就是看着像，却又不能重合吗？这种性质，我们干脆就叫它"手性"！这一提议，获得了科学家们的一致认可，自此以后，像我们左右手一样，物体不能和镜像重合的性质，就叫手性，而这种物质就叫手性物质。

其实，手性的现象不仅存在于化学世界中，它遍布于自然界，存在于我们身边，甚至体内。常见的牵牛花、金银花等攀缘植物，其藤缠绕的方向就是手性的，绝大多数牵牛花是向右旋转缠绕，与其相反，金银花是向左盘旋而上。再比如像维持我们生命活动重要的基础生物大分子，如蛋白质、氨基酸、多糖、DNA 和一些酶，等等，几乎全是手性的，而且在生命的出现和演变过程中，自然界往往对一种手性情有独钟，莫名偏爱。而像这样的现象，被称作手性的均一性。比如，天然蛋白质和 DNA 的螺旋构象都是右旋的。因此，手性在自然界的生命活动中肩负着极为重要的作用，事实上生命本身就依赖于手性识别。可以说没有生物大分子在结构上的手性均一性，以及涉及识别和信息处理的手性物质，地球上的生命将不复存在。

手性药物——挑战与机遇

正是由于手性均一性，我们身体中含有的生物大分子也为手性物质的识别设立了一套特有的安检系统。设计灵感则是来源于"钥匙与锁"，一般情况下，一把钥匙只能开一把锁，即使制作这把钥匙的"镜像钥匙"，也是没有办法把锁打开的。而在全世界使用的药物中，超过 60% 都是手性的，这些药物被称作手性药物，比如常见的抗炎药左氧氟沙星（左克），治疗高血压的卡托普利（开博通）等。这些手性药物就好像是"钥匙"，找到特定的生物大分子，滴答——锁芯扭转，门开了，光洒进来，细菌见光便死伤殆尽，身体机器又开始运转！

但是找到正确的钥匙，对症下药可不是一件容易的事！因为这些手性分子出入都会带上他们的镜像分子，为此我们把他们互称为对映异构体。我们知道，手性分子和他们的镜像分子从原子组成上来看是一模一样的，但其空间结构却不同，所以它们在发挥作用时，药效自然也可能相差甚远。可是同进同出，形影不离又如出一辙，该当如何分辨？故而这一问题在当时并没有引起科学家们的重视，而这一疏忽酿成了灾难，让我们为此付出了惨痛的代价！

反应停：建立在惨痛代价上的科学发现

1959 年，西德各地出生了许多手脚异常的畸形婴儿，其手脚比正常人短，有的甚至根本没有手脚，形同海豹，又被称为"海豹肢畸形儿"。调查发现，这些婴儿的母亲在怀孕一到两个月的时候都在服用一种抑制妊娠反应的药物——"反应停"，学名叫作"沙利度胺"。反应停，药如其名，只要孕妇服用了这种药物，精神会逐渐放松，变得不再紧张，恶心呕吐的症状也会得到缓解，此外还有安眠的作用。20 世纪 60 年代前后，全世界至少有 15 个国家的医生都在使用这种"神药"治疗母亲的妊娠反应，仅在联邦德国就有近 100 万人服用过"反应停"。1961 年，"海豹肢畸形"被证实确是孕妇服用"反应停"所导致的。于是，"反应停"被禁用了，但是受其影响的婴儿已达 1.2 万名。

随后的研究表明，最初上市的"反应停"实际上是含有一对对映异构体的混合物，其中一种对映异构体确实具有镇静和止吐作用，但是另外一种则具有强烈的致畸作用。这也就是说手性药物的两个对映体确实会在药效、生物利用度、代谢过程以及毒副作用等方面产生的显著的差异性，主要可以分为以下四种可能。

一是两种对映异构体具有相同或差不多相同的作用（这是一把很好开的锁，两把钥匙都能打开它）。

二是两种对映异构体具有相同或者类似的作用，但可能一种作用强一些，另一种作用弱一些（这把锁也比较好开，一把钥匙能够顺利打开，另一把钥匙虽然费点力气，但门也同样能被打开）。

三是一种异构体有很好的作用，另一种异构体药效很小或者根本不起作用（这把锁质量不错，只有一把钥匙能够打开）。

四是两种对映异构体出现截然不同的作用（这把锁质量也不错，只有一把钥匙能够打开；另一把钥匙非但打不开锁，还断在了锁眼里，从而引起一连串的副作用）。

"反应停"用于治疗"母亲怀孕早期的呕吐"的这一症状上，就恰似用了错误的钥匙去开锁，结果意外开了门，钥匙却永远断在了锁眼里。就在"反应停"声名狼藉之际，一名以色列医生发现"反应停"对麻风结节性红斑有很好的疗效。这次，科学家们吸取教训。经过34年的慎重研究，1998年，美国食品与药品监督管理局批准"反应停"作为治疗麻风结节性红斑的药物在美国上市，因而美国成为第一个将"反应停"重新上市的国家。后来，"反应停"还被发现有可能用于治疗多种癌症。现在"反应停"已经涅槃重生，在美国的销售额每年约两亿美元。在我国，"反应停"除了用于治疗麻风结节性红斑以外，还用在治疗骨髓瘤以及强直性脊柱炎和白塞氏症上。历经40年的摸爬滚打，"反应停"最终找到了和它匹配的"锁"。

"反应停"事件之后，很多国家在关于药物的管理法规中明确规定，对于手性药物，必须同时申报其所有对映体的研究结果。例如，美国食品和药物监督管理局关于手性药物的法规中明文规定：对于手性药物，必须申报其所有对映体的生物活性，药品生产商若将药物以消旋体（等量的对映异构体称作消旋体）的形式申报并获食品和药物监督管理局的许可，必须提供可靠理由。

"一手"遮天

值得一提的是，很多手性药物真正起作用的都只是其中的一种异构体，而不是由一对对映异构体构成的混合物。例如，用于治疗心律失常、心绞痛、高血压的普萘洛尔（心得安），两个对映异构体的活性相差将近 100 倍；消炎药左旋氧氟沙星的体外活性是其消旋体的 2 倍。不仅用于医药，其广泛应用于农业的手性除草剂、杀虫剂和植物生长调节剂，同样表现出强烈的手性识别作用。更为重要的是，这些手性农药的使用，能够大大降低对环境的不利影响。如除草剂金朵尔最初以消旋体的形式上市，每年以 2 万吨的产量投放市场，1997 年后以约 80% 对映体过量的 S- 异构体供应市场，效果与消旋体相当，但是使用量却减少了 40%，这相当于每年向环境中少排放了 8000 多吨化学物质！

根据国际催化剂技术组织的调查，世界上目前正在研发的 1200 种新药中，有 820 种是具有手性的，其中 612 种以单一对映异构体药物开发，占世界开发药物总数的 51%。2006 年全球上市的化学合成新药中，单一对映异构体的药物达 60%，而处于 II/III 期临床试验的药物中，80% 是单一对映异构体。由此可见，开发单一对映异构体的手性药物已经成为国际制药工业中的一个新兴领域。据统计，2003 年全球手性药物的市场已经达到 1600 亿美元；在 2006 年全球销售前十的药物中，有 9 种是手性的，其中降血脂药立普妥单一品种的销售额达到 130 多亿美元。

阿托伐他汀	**Lipitor** 立普妥，阿托伐他汀	**Pfizer** 辉瑞	治疗高胆固醇、降低心脏病风险	946.7
	Humira 修美乐，阿达木单抗	**AbbVie** 艾伯维	炎症性疾病	757.2
埃索美拉唑	**Nexium** 耐信，埃索美拉唑	**AstraZeneca** 阿斯利康	胃酸反流、消化道和十二指肠溃疡	724.5
	Advair 氟替卡松和沙美特罗吸入剂	**GlaxoSmithKline** 葛兰素史克	哮喘和慢性阻塞性肺病	690.8
氟替卡松	**Enbrel** 恩利，依那西普	**Amgen** 安进	自身免疫性疾病	677.8
	Epogen 促红细胞生成素	**Amgen** 安进	贫血	556.3
沙美特罗	**Remicade** 类克，英夫利西单抗	**Johnson & Johnson** 强生	自身免疫性疾病	546.7
阿立哌唑	**Abilify** 阿立哌唑	**Otsuka/BMS** 大冢制药/百时美施贵宝	精神分裂症等	677.8
	Neulasta 聚乙二醇非格司亭	**Amgen** 安进	促白细胞生成	677.8
氯吡格雷	**Plavix** 波立维，氯吡格雷	**Sanofi/BMS** 赛诺菲/百时美施贵宝	预防心脏病和中风	464.8

单位
亿美元

1992—2017 年美国畅销药品排行榜 TOP10

随着社会的发展与技术的进步，"一手遮天"已然成为时代的主流。手性医药、农药、香料、香精、食品添加剂等精细化学品以及电子信息工业中的手性材料上的需求无论在数量上还是在种类上都越来越多，故而适应这一需要的高新技术产业——手性技术应运而生。

目前，我国在手性药物和手性精细化学品方面的市场已经超过千亿元人民币，成为医药和精细化工中的重要支柱。我国在手性相关产业已经初具规模固然可喜可贺，但是得到单一的一种对映异构体的手性技术还亟待革新。目前手性物质的获得主要分为三种途径：一种是手性拆分，也就是将两个对映异构体分开，其中无用的对映异构体就当成"废料"处理掉。第二种是底物诱导合成，指的是在一个底物分子的诱导下产生一个手性分子，但是这一方法得到手性药物的成功率特别低，而且使用过后的诱导分子也被当作"废料"处理。第三种是手性催化合成，指的是利用手性催化剂来获得手性的合成方法，这也是最有效的途径。在手性催化合成中，手性催化剂就好像制作模型手的模具。有了模具，我们就可以快速地制造成千上万个模型手。更重要的是，我们还可以根据自己的喜好，选择左手或者右手模具，这样最终生产出来的模型手就都是我们想要的，从而最大限度地减少了"废料"的产生。所以，只要一个模具，选择性和效率性瞬间两全其美！

那么如何找到模具，也就是如何找到手性催化剂就成了手性催化的核心问题。目前高效手性催化剂的发现大都是坚持不懈后的意外之喜，而对于手性催化剂本身的研究，既无"理"可依，也无"律"可循。因此，要实现手性催化反应的高选择性和高效性，仍然需要从理论入手，通过概念和方法的创新，认识和找到"模具"转化过程中的手性传递、诱导和放大的规律性，从而指导手性催化剂的设计，以实现手性催化剂的创新。

手性催化的科学研究项目

基础研究对科学和技术的发展至关重要，手性科学也是如此。我国部署了一系列科学研究项目，以期通过这一科学问题和规律的探索，从化学角度认识自然界的手性，提供科学基础和实验依据，为发展先进的手性合成方法提供理论指导。通过这些基础研究项目的部署，我国成功发展了一批在手性医药、农药、天然产物以及材料领域有重要应用前景和合成科学中有重要学术价值的、有我国自主知识产权的新型手性催化剂、手性催化新反应以及手性催化剂负载化的新方法与新技术等。简单来说，就是为手性科学的发展贡献更多中国力量。

经过我国科学家近 20 年的不懈努力，这一项目不仅在国际顶尖的化学杂志上发表了众多高质量论文、在理论研究上取得了很多成就，同时在实际的工业应用中也有许多进展。例如，在研究用于治疗胃酸的手性拉唑类药物时，使用我们国家自己开发的催化剂在室温条件下就可以同时获得奥美、兰索、泮托和雷贝 4 种手性拉唑药物，极大地降低了合成成本。再比如，随着抗艾滋药物依法韦仑的需求量逐渐增多，我们国家成功发展了"一锅法"高效合成手性依法韦仑的生产工艺，弥补了国内外在该药物手性合成工艺方面的不足。

手性催化已成为化学领域最为活跃的研究领域之一，是创造新物质的关键手段，更极大地推动了合成科学的发展。但需要指出的是，目前真正应用于工业生产的手性技术还很有限，催化效率低、选择性差、稳定性不高以及成本高昂仍然是手性技术发展的拦路虎。经过 20 多年的发展，我国在手性催化研究领域虽在一些研究方面已经进入国际先列并占有一席之地，但从总体上来说，我国在手性催化合成研究方面，具有重大影响的原创性工作还比较少，研究工作的系统性和深入度与国际上最一流水平还有一定差距，缺乏真正有国际竞争力的手性催化合成的核心技术。 科学的发展要靠一代一代科学家把科学研究接力做下去，克服一个又一个科学难题，攀登一座又一座科学高峰，去合成我们美好的未来。

（更多精彩的故事登录网站 https://b23.tv/BV1mp4y1t7G7 观看中国科学院上海有机化学研究所出品的科普微电影——《有机师姐之无处不在的手性》）

第 4 章

走向未来
——化学解决之道

AI 助力合成化学

有机合成化学的当下

时光荏苒，距离维勒合成尿素的"有机元年"，近两百年的时光已然从指尖溜走。幸好它走得并不是那么悄无声息，有机合成化学领域的累累硕果，足以惊艳这逝去的岁月。数以万计的有机化学反应被发现，极大地丰富和完善了有机化学理论。在合理的合成策略的指导下，无论是结构异常复杂的天然产物，还是自然界不存在的功能有机化合物，有机合成化学家们统统将其收入囊中。与此同时，合成这些复杂分子过程中的经验，又进一步加深了他们对化学反应的理解，从而使得有机化学理论更加完善。历史巨轮滚滚前行，有机化学反应和有机合成策略始终互帮互助。它们力争上游的势头让合成化学家们相信，在不计智力、人力、物力的成本下，合成任意分子不再是一张空头支票。

不过在那一天到来之前，我们仍然有不少的硬骨头要啃。有机化学理论知识虽然不断丰富和完善，但时至今日，这些理论既不能帮我们评判一条画在纸张上的合成路线的可行性和优劣性，也不能帮助我们精准预测一个未知反应的反应结果。对于未知的反应和合成路线，有机合成化学家还是只能摸着石头过河，通过大量实验以试错的方式对未知的化学进行探索。究其根源，化学家们并不能完全解读文献和实验中蕴含的化学信息，面对失败的实验结果更是束手无策，距离"知其然，知其所以然"我们还有很长的路要走。此外，研究领域文献的掌握也完全取决于研究人员的个人学术素养，但即使是较高水平的有机化学家也不能记住和利用其研究领域的全部文献。因此，人脑记忆力和理解力的极限使得有机化学家无法充分利用已有的全部化学知识，来解决研究中遇到的难题。

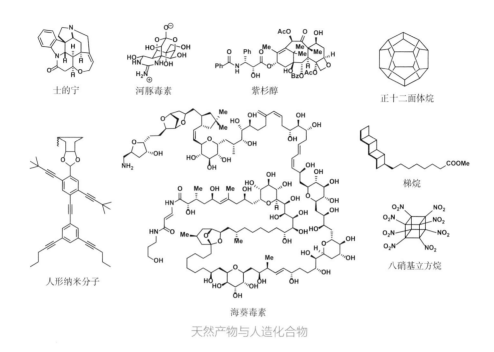

天然产物与人造化合物

有机合成化学的新生——AI 助力，如虎添翼

"停杯投箸不能食，拔剑四顾心茫然。"如此窘境，有机化学的出路到底在何方？即使辗转反侧，我们也还是力不从心，既然如此，那不如去逗逗 AI！（AI，英文全称 Artificial Intelligence，中文名人工智能）。

——AI，AI，我好困惑，你在干什么？

——我在为您准备今天的新闻播报：医疗机器人势不可挡，各个领域遍地开花，识别和分析检测结果，预判病情已是信手拈来；自动驾驶汽车独当一面，判断路况、预判周围车辆和行人的意图，安全平稳送达乘客都不在话下；识别、标记和通报伪装人员和车辆，安防系统样样精通；国际象棋、围棋和扑克中的人类顶尖高手纷纷遭遇深蓝、Alpha Go 和 Deep Stack 团灭……

——哦，对了，主人，您昨天浏览的《有机合成化学》刚刚到货了，请问是现在就下单吗?

——对啊。我怎么就没想到还可以借助 AI 呢?

现在 AI 已经可以在海量数据中进行快速地识别、读取、运算、分析处理和反馈。数据处理、语音识别、图像识别早已小菜一碟,为何不设计一款有机合成计算器,把所有已知的有机化学反应和转化方式都储存到它的大脑中,还能时时更新。这样一来,科研人员画出自己想要合成的分子,有机合成计算器马上就可以给出合理可行的合成路线。或者输入一个计划反应,我们立即就能拿到反应的综合评估报告。如此,合成化学家的负担将会大大减轻,他们也可以把精力放到更加重要的研究方向,指不定有机合成化学就如浴火凤凰涅槃重生了。心动不如行动,先让 AI 搜索,看看有没有值得借鉴的案例。

——叮,《有机合成化学》下单成功,我会随时留意快递详情,提醒主人取货!

——咦,《有机合成化学》,我什么时候下单的,我怎么不知道,AI ! ! !

——下单前 AI 询问过,AI 不会撒谎,建议您浏览记录。

——算了,我今天有正事要干,就先不和你计较了,AI,请帮我检索人工智能辅助有机合成化学研究的相关资料。

——收到,检索中,请您稍等。

星星之火,可以燎原。1956 年夏季,美国的达特茅斯大学举办了一次研讨会,旨在研究和探讨用机器模拟智能的系列问题。会议上,约翰·麦

合成机器人漫画

卡锡首次提出了"人工智能"这一专业名词，标志着人工智能学科正式诞生。而在人工智能学科建立之初，有机合成化学家和计算机科学家就已经开始思考，如何将人工智能变成有机合成化学研究的助力。1963 年，有机化学反应数据库的先驱人物弗拉杜茨描绘了一个用于辅助设计有机化合物合成路线的计算机程序设计构想，这类软件的英文全称是 Computer-Assisted Organic Synthesis，也可以简单称呼为 CAOS。而且，在他的构想中，提出了一种从目标产物逆推到前体的"化学类比式"，我们可以称之为"逆反应"。简单来说，就是我们只需要输入我们的目标分子，经过一系列的程序运算之后，计算机就可以给我们提供多条从已知原料到目标产物的合成路线，并且包括可能用到的中间产物。这个构想中的"逆反应"与艾利亚斯・詹姆斯・科里在《构建复杂分子的通用方法》一文中提到的"逆合成分析"概念不谋而合。

　　逆合成分析其实就是反向思考，这个过程和炒菜很类似，拿很多人喜欢的酸辣土豆丝来说。要做酸辣土豆丝，首先需要原料土豆。既然是酸辣味的，白醋和辣椒必不可少。当然，为了色香味俱全，还需要盐、葱、姜和蒜。找齐了材料，不出差错的话，一盘酸辣土豆丝就出锅了。逆合成分析也是一样，我们从目标产物开始，一步步倒推，找到合成原料，然后再按部就班地合成。科里也因提出的这一理论，获得了 1990 年诺贝尔化学奖，而这一重要的有机合成方法论更是成了有机合成化学家在对复杂分子进行合成路线设计时的主要指导思想。

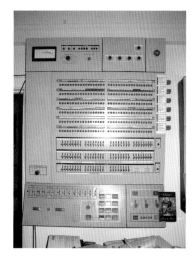

60 年代的计算机——IBM360 机型

　　同一时期，还有一支团队值得被铭记。1965 年，美国斯坦福大学组建了一支由计算机科学家和化学家组成的联

Dendral 首席科学家乔舒亚·莱德伯格

合团队，并发起了世界上第一个试图通过计算机程序解决化学问题的项目 Dendral（译作"树"，是树突算法"Dendritic Algorithm"的缩写）。该项目有两个目标：一是根据化学谱图判断化合物的结构；二是让计算机自主设计有机化合物的合成路线。然而遗憾的是，在 20 世纪 60 年代，计算机体积庞大，运算能力不高，程序语言也相当匮乏，想要完全实现这两个目标似乎有些痴人说梦。直到项目结束，Dendral 也只是实现了部分目标，但它使得人工智能走到人前，为人熟知，因此它仍然是有机化学和计算机合作史上一个重要的里程碑。

CAOS 的成长

"江山代有才人出，各领风骚数百年。"艾里亚斯·詹姆斯·科里，1928 年生于马萨诸塞州；17 岁考入麻省理工；27 岁获得伊利诺伊大学教授职位；1959 年成为哈佛大学化学科的教授。1963 年，科里在对长叶松烯逆合成分析的时候，发现这整个过程就像是一个计算机程序一样。受此启发，1969 年，科里和加州大学的 W. 托德·维普克开启了第一个 CAOS 的项目 OCSS，全称是 Organic Chemical Simulation of Synthesis。随后，该项目被分成了两个子项目：科里主导的 LHASA（Logic and Heuristics Applied to Synthetic Analysis）和维普克主导的 SECS（Simulation and Evaluation of Chemical Synthesis）。

艾里亚斯·詹姆斯·科里

LHASA 是 第 一 个以图形界面输入和输出的 CAOS 软件。为了让计算机满足我们的需求，科里为其量身定制了一名中介——CMTRN。全 称 是Chemistry Transaltor，它可以将有机化学反应及转化规则翻译成计算机读懂的语言。拥有得天独厚的

操作 LHASA 软件，化学结构式
可由图形输入器录入

家庭文化，LHASA 从小就沐浴在逆合成分析的熏陶中，六大逆合成切段策略更是牢记于心。因此，我们只要在 LHASA 图形界面中画出我们想要的分子，LHASA 综合考量后选择最匹配的策略，随后再从目标分子出发在编译好的有机反应库中进行搜索和调整，直至找到已知的起始原料。

"金无足赤，人无完人"，LHASA 也不例外，首先面对的是两大难题：一是 LHASA 独立思考能力有待加强，它总是需要化学家给它指导，并不能独自解决问题；二是 LHASA 知识面不够广泛，数据库中包含的反应和规则仅有 300 多个，这使得很多时候 LHASA 给出的结果并不合理。此

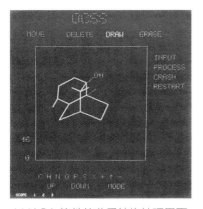

LHASA 软件的分子结构处理界面

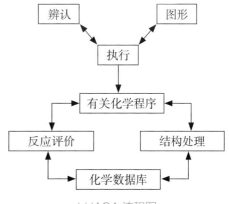

LHASA 流程图

外, 计算机硬件能力薄弱, 运算能力明显不足, 当遇到结构复杂的目标分子时, 无法给出所有可能的合成路线。尽管 LHASA 任务完成得一般, 但不可否认的是, LHASA 作为第一款 CAOS 软件, 不仅让当时的人们看到了人工智能在辅助有机化学研究过程中的重要作用, 也让逆合成分析的概念深入人心, 为随后天然产物全合成领域的蓬勃发展提供了理论基础。

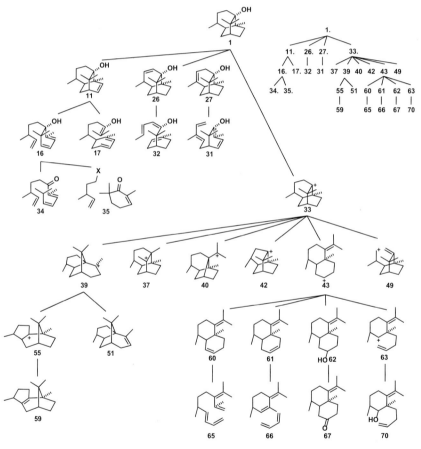

LHASA 对百秋李醇的合成分析

相比 LHASA, SECS 的有机化学反应数据库的容量扩大了不少。而且 SECS 在后来还受到了德国和瑞士制药公司的资助, 并推出了优化升级的第二代程序 CASP。但同样受限于当时的计算机硬件运算能力, 很多设计需求也得不到满足，故而在无奈中迎来了自己的终点。

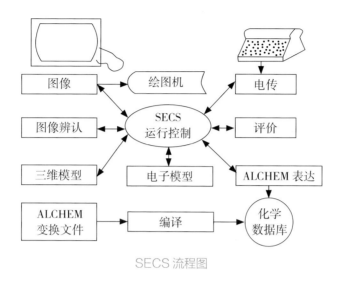

SECS 流程图

　　在 LHASA 和 SECS 之后，其他的 CAOS 软件也如雨后春笋般地出现，比如 SYNCHEM、SYNLMA 和 SYNGEN。这三个软件都是以 syn- 开头的，取自"合成"单词"Synthesis"的前 3 个字母，这也代表了设计者们的殷切希望。总体来说，LHASA、SECS、SYNCHEM、SYNLMA 和 SYNGEN 在数据库容量、搜索策略和问题简化上各有优劣，但它们无一例外都被时代拖了后腿。计算机自身的硬件性能无法支撑这些软件进行完整调用和搜索所需的运算量，而如果对问题进行简化降低运算量，得到的合成路线又不能实际应用。更重要的是，这 5 个软件都是利用程序在录好的有机化学反应库和有机合成专家编写的有机化学反应规则中进行策略搜索直至得到最优解，而对于反应库中不曾出现但理论上可行的反应，并不能进行分析和预测，自然也就谈不上利用了。说白了，这些 CAOS 软件只能照搬书本上已有的知识，但无法理解知识背后的深层含义，因而无法创造出新的知识。无可奈何，这就是这一时期 CAOS 从娘胎里就带来的毛病。因此，先天不足加上后天条件的限制，CAOS 走进了它的寒冬。

破土而出

"山重水复疑无路，柳暗花明又一村。"虽然有机化学家解决不了计算机硬件的问题，但是先天不足还是可以对症下药的。德裔美国科学家伊瓦尔·乌吉意识到这些短寿的 CAOS 都是以经验为导向的策略搜索，从而提出了逻辑导向的有机合成设计，并以此设计理念相继开发了程序 IGOR 和 IGOR2。乌吉将涉及反应的所有原子的相关参数转换成数学模型后，再用计算机计算分析潜在的有机反应的可行性。IGOR 确实在发现新反应和新转化上取得了前所未有的成功，但对于复杂反应带来的庞大运算量，计算机仍然显得颇为吃力，因而面对多步合成路线的设计，IGOR 也只能望洋兴叹。

与乌吉英雄所见略同的还有他的学生约翰·加斯泰格尔。尽管他的团队开发的 WOCDA 程序设计理念也是基于逆合成分析，但是他们抛弃了逆合成分析中的部分策略，而是另辟蹊径，将研究重点放在分析有机分子中化学键的性质变化上，从而为逆合成分析提供指导。同时，WOCDA 程序也包含一个有机反应数据库，因此，它可以进行双向搜索。也就是说，WOCDA 程序既可以在已知数据库中进行策略搜索，也可以基于理论计算进行逆合成分析和路线设计。但 WOCDA 的短板跟 IGOR 一样，在理论计算上耗费了大量的时间，导致其运行时效性反而不如纯粹基于有机反应库的 CAOS 软件。

开花结果

"宝剑锋从磨砺出，梅花香自苦寒来。"随着网络和信息数据化的发展，许多有机化学领域的出版物也走向了电子化，这使得化学工作者可以很便捷地获取、阅读、储存和整理科研文献。Web of Science、Scifinder 和 Reaxys 等数据库的问世，不仅方便科研人员查找文献，也同时为

CAOS 的开发提供了庞大的数据库支持。ARChem 和 ICSYNTH 这两个 CAOS 程序就是代表作。它们直接从已有的化学网络数据库中抽取数十万条有机化学反应和转化作为反应库以供策略搜索，这与之前手动编写的文献库相比，不仅省时省力，而且文献覆盖面也更广。不过它们能完成的任务也是有限的，但与那些淡出大家的视线 CAOS 软件相比，ARChem 和 ICSYNTH 算得上十分长寿了，毕竟它们目前还活跃在商用中。

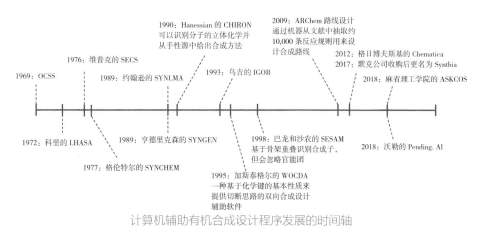

计算机辅助有机合成设计程序发展的时间轴

与此同时，半导体技术的发展使得计算机的硬件性能不断增强，因而早期 CAOS 软件所面临的运算能力不足的缺陷得到了缓解。当然，得益于计算机在其他领域的遍地开花，CAOS 软件在算法上也有了质的飞跃。故而，在海量文献数据库、智能算法和高性能计算机三方的强力加持下，CAOS 软件迎来了全新的发展时代。目前，默克公司的 Synthia（https：// www. sigmaaldrich.com/chemistry/chemical-synthesis/synthesis-software. html）、上海大学的马克·沃勒团队以神经网络算法为核心开发的程序（https：//wallerlab.org/#team）和美国麻省理工学院团队开发设计的 ASKCOS（http：//askcos.mit.edu/help/modules）已经成为新一代 CAOS 软件，并引发了制药界和有机界的极大关注。

默克公司的 Synthia 软件界面

沃勒的 Pending.AI 软件界面

麻省理工学院的 ASKCOS 软件界面

Synthia™，前身是 Chematica，被默克收购后才改的名字，是目前商业上最成功的 CAOS 设计软件。2001 年，巴尔托什·安杰伊·格日博夫斯基团队希望开发一款可以快速寻找最佳合成路线的软件。历经 15 载，在经过难以想象的艰难险阻后，他们终于在 2016 年推出了 Chematica 的第一个可用版本。Chematica 很快吸引了制药界巨头默克公司的注意。默克选择了一些药物研发过程中合成大牛都认为很难合成的分子，向Chematica 征求意见，并在实验室中对 Chematica 设计的合成路线进行验证，成功率竟然达到了 100%。这样的成功率不仅让默克公司惊叹，也大大出乎了 Chematica 设计团队的意料，毕竟一开始，格日博夫斯基团队乐观估计的成功率最高可达 50%。首战告捷，一些天然产物全合成的课题组慕名而来，想要亲身试探 Chematica 的能耐。毫不意外，一些合成化学家被 Chematica 在"逆合成分析"中所展现出来的能力所折服，并流露出想要跟 Chematica 合作的意向，而那些对验证结果默不作声的，可能是在为即将被抢的饭碗寻找新出路。无论怎么看，在计算机辅助有机合成这条道上，Chematica 无疑成功地把所有前浪都拍死在沙滩上了。

人红是非多。面对 Chematica 的巨大成功，疑问扑面而来。Chematica是有三头六臂吗？还是碰巧得了座宝库呢？怎么就成了有机合成界的高端玩家呢？三头六臂是真的没有，宝物倒是有两个。Chematica 制胜的第一个法宝就是特别会——装。Chematica 的数据库是经过精心编码的而且非常庞大，截至 2018 年，格日博夫斯基容纳的有机化学反应规则已经超过 50000 个。其实在项目之初，格日博夫斯基团队也尝试直接从现成的 Scifinder 数据库中抽取反应转化信息，但他们随后发现这样抽取的信息并不能帮助他们进行合成设计规划。因为计算机在抽取反应信息时会自己做一些不合理的预测。经常遇到的情况就是如果有一个和目标分子很像的类似物可以通过某种方法合成，那么调试版的 Chematica 认为目标分子也可以用这样的方法来合成，这当然是不合理的。这样的近似也许能勉强用于一些简单的分子，但对于结构复杂的分子，尤其是一些药物分子，一个微小的改变就很有可能彻底改变分子在某些反应中的反应活性。而且，格日博夫斯基团队发现计算机识别有机化合物结构和反应转化的中介——SMILES 和 SMARTS 特别容易开小差。比如，经常在表示复杂分子立体结构和区域结构时含混不清，这直接导致人工智能程序无法完全理解一个反应所涉及的分子结构变化的方式。

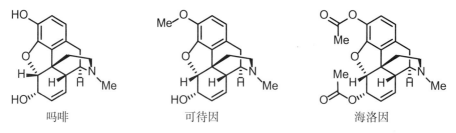

吗啡、可待因和海洛因的结构差别很小，但其镇痛性和成瘾性的差异较大

　　为了解决这些问题，格日博夫斯基团队首先开发了 Chematica 的雏形 Syntaurus，核心就是创建逆合成分析时需要的有机化学转化规则。不能利用现有的数据库，他们只能选择最笨的方法——手动输入来编写这些重要的代码。整个过程是极其艰难的，这些代码需要涵盖太多的信息，包含

有机分子的三维结构信息、发生反应的核心位点、反应适用的化合物范围、需要保护的位点、不能兼容的官能团等。更何况在当时没有任何可以借鉴的数据库的情况下，这所有的一切都要自己先阅读文献，再整理反应，然后编译，最后输代码入库。团队里的每一个人都被这一连串的操作搞得筋疲力尽，说是暗无天日也不为过，幸好他们靠着互相鼓励坚持了下去。然而，在他们终于将反应数据库收录的转化规则增加到 1 万条后，他们也遇到了 LHASA 和 SYNLMA 一样的问题：运算量爆炸。在策略搜索问题中，理论上如果能穷尽所有的策略，那么就一定可以找到最优解。但现实中，当问题复杂到一定程度，根本不可能穷举所有的策略，除非可以不计时间穷举下去，但这又有什么意义呢？

rxn_id: 8382,
name: "Proline-catalyzed Mannich Reaction",
reaction_SMARTS:[c:1][NH:2][C@H:4]([c,CX4!H0:40])[C@:5]([#1:99])([CH2,CH3,O:50])[C:6]
(=[O:7])[CX4:8]([#1:9])([#1:21])[#6,#1:3].[OH2:10]>>[c:1][N:2].[*:40][C:4]=[O:10].[*:50][C:5]([
#1:99])[C:6](=[O:7])[C:8]([#1:9])([#1:21])[*:3]"
products:["[c][NH][C@H]([c,CX4!H0])[C@]([#1])([CH2,CH3,O])[C](=[O])[CX4]([#1])([#1])[#
6,#1]", "[OH2]"]
groups to protect: ["[#6][CH]=O", "[CX4,c][NH2]", "[CX4,c][NH][CX4,c]", "[#6]C([#6])=O"]
protection_conditions_code: ["NNB1", "EA12"]
incompatible_groups:　　　["[#6]O[OH]", "c[N+]#[N]", "[NX2]=[NX2]", "[#6]OO[#6]",
"[#6]C(=[O])OC(=[O])[#6]", "[#6]N=C=[O,S]", "[#6][N+]#[C-]", "[#6]C(=O)[Cl,Br,I]",
"[CX3]=[NX2][*!O]", "[#6]C(=[SX1])[#6]", "[#6][CH]=[SX1]", "[#6][SX3](=O)[OH]",
"[CX4]1[O,N][CX4]1", "[#6]=[N+]=[N-]", "[CX3]=[NX2][O]"]
typical reaction conditions: "(S)-proline. Solvent, e.g., DMSO",
general references: "DOI: 10.1021/ja001923x or DOI: 10.1021/cr0684016 or DOI:
10.1021/ja0174231 or DOI: 10.1016/S0040-4020(02)00516-1"

Chematica 的反应规则专家编码实例

```
MinCost(substance s, depth d)
·  if s.cost(d) < 0  // substance not yet visited
·  ·  if s.type == substrate
·  ·  ·  s. cost(d) = s.purchase_price
·  ·  else
·  ·  ·  s. cost(d) = INF  // infinite cost
·  if d < dmax
·  ·  for each reaction r ∈ {incoming reactions of s}
·  ·  ·  if r.mrk(d) == 0 // reaction not currently being explored
·  ·  ·  ·  if r.cost(d) < 0 // reaction not yet visited
·  ·  ·  ·  ·  r.cost(d) = cᵒrxn
·  ·  ·  ·  ·  r.mrk(d) = 1
·  ·  ·  ·  ·  for each substance u ∈ {reactants of r}
·  ·  ·  ·  ·  ·  r.cost(d) = r. cost(d) + MinCost (u, d + 1)
·  ·  ·  ·  ·  r.mrk(d) = 0
·  ·  ·  ·  if r.cost(d) < s.cost(d)
·  ·  ·  ·  ·  s.cost(d) = r.cost(d)
·  return s. cost (d)
```

Chematica 的打分函数编码示意

焦灼之际，Chematica 制胜的第二个法宝——打分函数登场了。虽然策略搜索会给出很多策略上的可能性，但这并不代表每个策略都是合理的。假如你有急事想从成都尽快赶往上海，搜索成都飞往上海的航班时，你肯定会不假思索地排除掉所有需要中转的航班。因为这类航班在时效性上得了负分，你根本不需要研究它们的票价、折扣和起飞时间等信息。Syntaurus 在程序中引入了两个打分函数：化学打分函数和反应打分函数。它们帮助 Syntaurus 在逆合成分析一开始就排除了大部分看起来绝对不可行的策略，从而降低了运算容量，然后让 Syntaurus 只在评分较低的策略中搜索比较直到找到最优解。为什么是最低呢？那是因为在这两类打分函数与分子结构和反应复杂性相关，越复杂分数越高，而路线的可行性就越低。

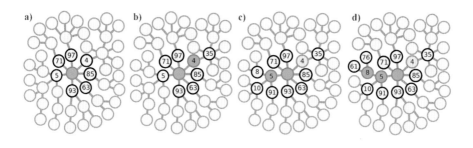

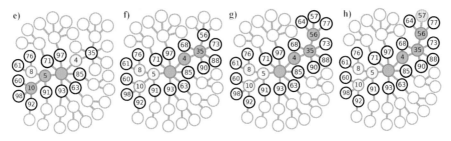

Chematica 的网络搜索原理图

（注：所有灰色的节点代表可能的化合物前体，网络搜索的目的是找到每个节点打分
最低的点，逐级搜索直到节点为已知或者商业可得的化合物）

手握两大法宝，Chematica 终于克服了之前 CAOS 设计程序面临的困难，将人工智能辅助有机合成真正推向实用化。但这并不是说 Chematica 没有缺憾，事实上，它还有许多需要改进的地方。例如，在对可能会影响反应的基团进行惰性保护的时间点的选取上总是不能让人满意，无法提供合成路线中每步反应的最优反应条件，以及无法利用理论上可行但文献中未出现的新反应进行合成设计等。针对这些瑕疵，格日博夫斯基团队还在积极探索。

我国在计算机辅助有机合成上也取得了令人骄傲的成绩。上海大学的马克·沃勒团队于 2018 年在 *Nature* 上发表了他们的成果。沃勒团队以神经网络算法为核心开发了一款计算机辅助合成设计的软件，意图打造有机合成界的"AlphaChem"。沃勒团队以一定规则从 Reaxys 数据库抽取 2015 年之前的有机反应和转化作为训练集，而 2015 年之后的则作为测试集。在训练集中，他们运用 Alpha Go 采用的蒙特卡洛树搜索算法，并通过一个过滤网络让人工智能自主学习并总结有机化学和转化的规则。培训结束后，会在测试集中检验学习效果。结果发现，该程序利用自身学习的有机反应经验，画出了 6 条与文献报道一模一样的路线，这显然是一份不错的答卷。更令人惊讶的是，双盲测试中，45 个研究生学历的有机化学家中有超过一半的科学家误认为该软件设计的路线是文献中出现的。据报道，该软件在进行合成路线的搜索设计时，比传统的计算机辅助合成设计软件快3倍。专家预测，沃勒团队设计的 CAOS 软件很有可能弯道超车，究竟能不能？我们拭目以待。

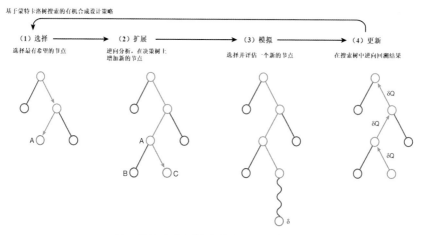

基于蒙特卡洛树搜索的有机合成策略

"给我一个分子，我就可以撬出全部合成路线"，这是人工智能向人类发出的宣言，也是它做出的保证。不知你可否还记得人工智能辅助有机化学的初衷，其一是对于想要合成的有机分子给出合理的合成路线，在听过人工智能的豪言壮语后，这一条大抵是不用担心了。还有一个问题：如何才能实现对有机化学反应结果的预测？

天道酬勤，历经多年研究，有机合成化学家也已经取得了不错的成绩。2018 年，美国普林斯顿大学的阿比盖尔·古特曼·多伊尔团队在 *Science* 上报道了人工智能在预测某一类化学反应中的应用实例。从 Chematica 的成功中我们得知，如果想让人工智能淋漓尽致地发挥才能，我们必须提供足够多的数据供其分析和学习。事实上，在有机化学反应的文献中，同一类反应的例子一般在十几个到几十个不等，而这样的实验数量对科研人员来说已经是极限了。但对于喜欢大海捞金的人工智能来说，用这点数据量来学习反应规律显然是远远不够的。因此，我们需要寻找一种高效且快速获得大量数据的方法让人工智能进行分析和研究。

常规实验室里的集束式平行反应

走近实验室，你会发现成堆的瓶瓶罐罐，毕竟有机化学反应都是在玻璃瓶中开展的。为了了解一个有机反应的特点和应用范围，展开几十甚至上百个反应，这对有机合成科研人员来说是家常便饭。面对数量如此巨大的有机实验，且不说有没有那么大的实验室让你进行操作，仅仅是对每个反应的物料进行称重就可能要花费十几个小时，更不要说对反应进行后处理，并分析每个反应的结果了。

幸运的是，车到山前必有路。我们可以借鉴药物化学中药物的高通量筛选，该方法可以帮助科研人员同时开展成百上千个有机化学实验。而且这种高通量微型实验需要的道具还很简单，一块平板和一个蚊式机器人足矣。平板是特制的，可以根据需求，定制成 N 乘以 N 的小孔，每一个小孔都能做一个有机反应。然后我们看着蚊式机器人做就可以了。蚊式机器人可以将每个反应按照既定配方混合好反应物使之反应，然后通过色谱分析，

高通量反应板

蚊式机器人

手套箱

超高效液质联用仪

高通量反应筛选平台

即可以得到所需要的反应数据。多伊尔团队正是采用这种方法快速获得了
4608 个关于想要研究的有机反应的实验数据。

　　获取大量的实验数据后，多伊尔团队开始研究如何利用机器学习算法
预测该反应的反应结果。他们先把这 4608 个实验数据按 7 ∶ 3 的比例分
为训练集和测试集。训练集用来训练计算机智能算法，调整算法中的参数，
从而不断缩小算法计算结果值与实际实验结果值的差距，最终得到一个调
教好参数的算法。随后，将调好的算法用于预测测试集中反应的实验结果，
并对比算法预测出的结果与实际实验结果的差距，以此衡量该算法在预测
该类反应的准确性。尝试了几种常用的机器学习算法后，多伊尔团队最终
发现随机森林算法可以很好地预测未知反应的结果。

　　至此，我们所设想的有机化学计算器已经可以初步实现我们的需求，
但有机合成化学家对计算机辅助有机合成的研究脚步却并未就此停下。
2014 年上映的科幻大作《星际穿越》中，智能机器人 TARS 给观众留下
了很深刻的印象。这种既能上天入地，又风趣幽默的实用性机器人不禁让
化学工作者心生羡慕：如果我有一个 TARS，我的双手一定能得到解放。

　　其实，英国格拉斯哥大学的勒罗伊·克朗宁团队还真的就做到了！该团
队发明了一种有机合成机器人，从反应开始到结果分析一条龙服务，甚至还
会告诉你它们对未知反应的预判。克朗宁团队将流动化学、在线检测和实时
数据分析结合起来，通过计算机控制不同化学试剂的注射泵，向反应瓶中添
加不同组合的化学试剂，同时实时利用核磁共振、质谱和红外光谱这些常用
的分析手段进行检测，并同步获取反应结果。随后，再将数据化的实验结果
交由智能算法进行分析。总结出规律后，标记出反应活性较高的试剂，再继
续进行实验，验证规律并进一步优化反应结果。克朗宁团队开发的有机合成
机器人每天可以开展 36 个有机实验，对其结果进行研究分析后，对某些反
应结果的预测准确率高达 80%。不仅如此，该团队利用有机合成机器人学习
得到的活性试剂组合信息已经成功发现了 4 个尚未报道的有机化学反应。

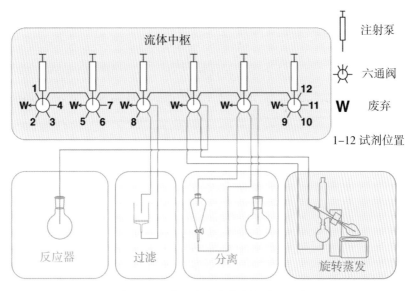

机器人工作平台各个节点的流程示意图

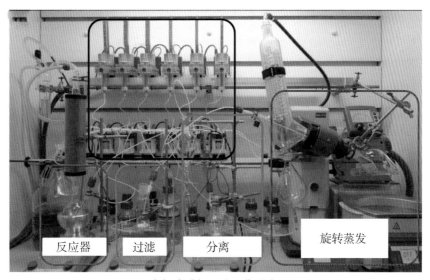

有机合成机器人工作平台

有机合成化学的未来

　　历经千难万阻，人工智能终于在辅助有机合成方面取得了不错的成果，但仍然有很多值得完善的地方。例如，目前应用在辅助合成上的机器学习算法多数都是监督学习，需要专家的介入，如果这个问题化学家知道如何解决，人工智能凭借其高运算、重逻辑、长续航的优势自然可以做得比人更好，但对于那些化学家也不知道如何解决的问题，只能依靠非监督学习方式，也就是在无人指导的情况下，机器自己学习并找出解决方案，而这样的辅助程序还有待开发研究。此外，隔行如隔山，程序代码在化学家眼中犹如天书。如何让算法傻瓜化，让程序界面对外行人友好易懂，也是未来的着力点。最好就像乐高一样，每一段功能算法就是一块乐高，合成化学家需要什么样的人工智能辅助操作，只要像拼积木似的将算法组合在一起，就可以实现想要的功能。这样才可以让更多的有机合成化学团队加入人工智能辅助有机合成的行列，从而共同构建有机合成化学和人工智能的桥梁，让它们一起迸发活力。

在 Alpha Go 相继击败围棋高手李世石和柯洁之后，一些媒体开始炒作所谓的"人工智能威胁论"，宣称不出 30 年，人工智能将会造成大量人员失业，甚至像《我，机器人》电影里那样意图统治人类。首先，科幻不是科学。第二种情况在很长一段时间内都不会发生，因为目前的人工智能还仅仅只有不错的逻辑思维能力，并没有自主意识，因而也就不会对控制权进行主观争夺。而第一种情况是每一次科技革命之后的必然产物，每一次科技进步的核心目的就是为了解放生产力，将人们从繁重无意义的重复工作中解放出来，继而让人们将有限的时间和精力投入到更重要的事情上，唯有这样人类社会才会不断向前发展。愿尚还年轻的你，自始至终都能保持一份昂扬的斗志和好奇心，以乐观和开放的态度面对人工智能带来的新变革，不断砥砺向前，成就自我。

动源　　　　　　未来

玩转化学

在这里，你可以化身为小小科学家，与我们一起玩转化学。

实验时，一定要在老师的指导下并做好实验防护措施，戴好手套和防护眼镜，穿上实验服，一起来感受化学的魔力吧！

★ 牛奶烟花

一碟牛奶，如何绽放出绚烂的烟花呢？

材料：牛奶（全脂）、洗洁精、盘子、棉签、食用色素若干。

步骤：

①在盘子中倒入全脂牛奶；

②将不同颜色的食用色素滴在牛奶中，每种颜色滴一滴即可；

③棉签蘸取洗洁精插入牛奶中，观察现象："烟花"是否绽放起来啦！

拓展训练：

用家中的洗手液、肥皂水、洁厕灵、护发素等替换洗洁精，观察是否均有类似效果。试比较哪一种效果好并做好实验记录。调查表面活性剂并尝试解释该实验原理，将实验结果以报告的形式向科学老师展示。

★ 调皮的蜡烛

蜡烛，还可以这样玩？

材料：蜡烛、火柴、培养皿、细长玻璃杯、水、已打磨的镁条、酒精灯。

步骤：

①将蜡烛点燃后吹灭，观察现象；

②将火柴梗伸进火焰中，观察到变黑时立即取出以防燃烧，观察火柴

梗的黑色分布；

③用火柴去点刚熄灭蜡烛飘出的白烟，观察现象；

④将蜡烛重新点燃，用一大烧杯扣在桌上，观察火焰；

⑤在一个培养皿中加入水，蜡烛立于中间，用一细长玻璃杯倒扣在蜡烛上，玻璃杯沿浸没在水中，观察现象；

⑥戴好防护眼镜（防强光）后用镊子夹取一段打磨光滑的镁条，于蜡烛上尝试点燃，观察是否能够燃烧。再尝试使用酒精灯点燃，观察现象。

拓展训练：

仔细观察，做好实验记录。调查燃烧3要素并解释该实验1至5步的原理，将实验结果以报告的形式向科学老师展示。该实验涉及燃烧，务必做好防护并在科学老师的指导下于实验室或户外进行。

★ 淀粉大作战

带你重新认识淀粉！

材料：小麦淀粉、面盆、水、纸杯。

步骤：

①将少量小麦淀粉加入装有少量水的烧杯中，观察现象；

②在面盆中加入半盆水；

③倒入一袋淀粉，搅拌，观察现象；

④继续向面盆中加入淀粉并进行搅拌；

⑤慢慢地，面盆中的淀粉达到一种神奇的状态，尝试用拳头击打淀粉溶液，观察现象。

拓展训练：

尝试其他淀粉如玉米淀粉、马铃薯淀粉等，观察是否有相同现象，做好实验记录，记下达到神奇状态所需水的量以及淀粉的量。调查鉴别淀粉的方法并解释该实验原理，将实验结果以报告的形式向科学老师展示。

★ 紫色魔法

神奇的紫甘蓝！

材料：紫甘蓝、榨汁机、纸杯、小苏打、白醋、食盐水。

步骤：

①将紫甘蓝叶片用榨汁机榨汁，观察现象；

②取等量紫甘蓝汁10毫升左右于3个烧杯中；

③分别加入小苏打溶液、白醋以及食盐水；

④观察现象并做好记录。

拓展训练：

尝试用紫色洋葱、紫色花朵、红心火龙果等榨汁，观察会不会有类似现象，做好实验记录。调查酸碱指示剂以及花青素并解释该实验原理，将实验结果以报告的形式向科学老师展示。

★ 法老之蛇

火焰中生成一只扭动的长蛇！

材料：小苏打、白砂糖、固体酒精、沙子、打火机、铁盘、纸碗。

步骤：

①在铁盘中铺好沙子；

②在纸碗中加入60克白砂糖；

③向纸碗中加入15克小苏打，搅拌均匀；

④在沙子上放一个固体酒精（或在沙子上倒少量酒精，使沾湿的沙子呈一个圆形）；

⑤将纸碗中的混合粉末倒在固体酒精上（或被酒精沾湿的沙子上），用打火机点燃酒精，观察现象。

拓展训练：

尝试其他反应条件，记录下不同条件对该反应的影响。调查相关资料并解释该实验原理，将实验结果以报告的形式向科学老师展示。